天生疯狂

サイコパス

[日]中野信子——著
杨明璇——译

用脑科学揭秘
天才、疯子和变态杀人魔
的人格密码

天津出版传媒集团
天津人民出版社

前言

科学已经证明“变态就在你身边”

说着荒唐的谎话、做出常人无法理解的举动，但依旧面色平静。哪怕谎言被当众戳穿，也毫无羞耻之心，理直气壮地面对一切，一副冠冕堂皇的样子，甚至自己还表现得像是“受到不公指责的被害者”“悲剧旋涡中的女主角”似的。

即使犯下了残忍的杀人案件或恶劣的诈骗案件，也完全看不出有反省之心。不仅如此，还用手写信的形式向社会公开自己“正当性”的主张。

外貌看起来是十分富有魅力、社交能力极强的人，无论说话还是演讲，都能滔滔不绝，特别有幽默感。但是，他的私生活却十分奔放，桃色绯闻不断。

爱编造一些自己从没有过的经历，能淡定地说出完全不同的过去，即便被人指出有矛盾，也能事不关己地表示："我从来没说过那样的话。"

如今，这样的人总能在社会上引起风波。

让我们无法忽视的是，这样的人，也有不少拥护者。

"他 / 她是受骗之后才变成这样的！"

"他 / 她绝对不是坏人！而且他 / 她特别有魅力！"

从电视上的评论员到普通人，都会发表不少这样善意的回应。有时，还会出现像"信徒"一样的崇拜者。

他们肯定不知道吧，自己口中的那个"他 / 她"，有很大的概率有着"变态人格"。

占美国总人口的 4%

原本"变态人格"（psychopathy）一词是一个医学概念，为了描述连续杀人犯等反社会人格而被创造出来的，在日本，会被翻译成"精神病人"。

但是，仅从字面上，很难有把握地想象出"变态人格"具体是什么样子。对于"变态人格"，至今没有能够准确描述实际状态的翻译。而且，在今日精神医学界世界标准最新的《精神障碍诊断与统计手册（第五版）》（DSM-5）中，也没有“变态人格”的相应描述。精神医学也没有将“变态人格”设置为一个单独的分类，而是将其诊断基准和“反社会人格障碍”混为一谈。因此，人们对它产生误解、印象模糊，也是没有办法的事。

“变态人格”和“人格分裂”等精神疾病有什么区别呢？也许你会想起在托马斯·哈里斯的小说《沉默的羔羊》里面登场的汉尼拔·莱克特博士那样的人物，“在拥有高于常人的智商的同时，屡次残酷地犯下猎奇杀人案件”；又或者，嘲讽那些满口谎言的人“有病”。

不过，随着近年来脑科学日新月异的发展，“变态人格”的面纱也慢慢被我们揭开。可以明确的是，“变态人格”者的大脑组织结构，在与他者产生共鸣和认知痛苦的部分，和常人有着很大的差异。

另外，我们也明确了有“变态人格”的人不一定都是冷酷残暴的杀人犯。研究结果表明，很多从事需要大胆决策的职业的人也有着“变态人格”，例如，大企业的CEO、律师、外科医生等。

流行病学的调查也在进行之中。因写作《变态人格》

而闻名的加拿大犯罪心理学家罗伯特·海尔曾说这类人约占男性总人口的0.75%。而长年担任哈佛大学医学院精神医学部心理学讲师的心理学家玛莎·斯托特则表示，“变态人格”病人约占美国全人口的4%。这个具体的数字取决于对“变态人格”的诊断标准。还有，在个人主义较发达的欧美国家，这类人的数量就很多，但是在强调集体主义的东亚社会里，相对则会少一些。此外，研究还表明，男性患者的数量也要高过女性。

对于“变态人格”，不能说是好还是坏。我们只是知道，这属于在人类群体中广泛分布的一个“灰色地带”，只是其症状的程度不同。用更专业的话来说，就是在情感面、人际关系面、行为面上，会表现出复合型谱系障碍。（注：本书中为了方便叙述，将“变态人格倾向表现较强的人”统称为“变态人格者”。）

无论怎样，变态人格人群的比例可以说大概是“1%”的程度。按此计算，日本的人口（约1亿2700万人）中，就有约120万人。

我们的身边有很多变态人格，你和你的同事、朋友、家人都被包围了。

甚至，说不定正在看这本书的你，就是变态人格呢。

如何辨别变态人格

那么，到底该如何判断一个人是不是有变态人格呢？

下面列出几个变态人格的特征。

· 外表和言辞都表现得太富有魅力，非常自恋。

· 很难感觉到恐惧、不安或紧张，站在大舞台上也心静如水。

· 可以淡定地去做大多数人出于道德原因而感到危险的事情，看起来很有挑战的勇气。

· 能说会道，会拉拢有权势者，也会有不少追随者。

· 习惯性撒谎，话多；特别爱表现自己，反复无常。

· 眼高手低，做事没有常性，总不能做到有始有终。

· 经常换交往的对象，分手后又会说对方的坏话。

· 能与人相处，但缺少对他人的共鸣。

我想大家此刻都能回想起好几个人吧，虽然不至于完全符合，但还是会符合其中的几条。

这类人往往都很妄自尊大，在人际关系中充满了自恋与欺瞒，缺少与他人共鸣的情感，易冲动，属于反社会的存在，而且更愿意选择毫无责任感的生活方式。

当然，没有变态人格倾向的人也不都是好人，所以也不能说所有的变态人格者都是潜在的罪犯。“将变态人格者等同于罪犯”这种贴标签的做法是很危险的。

但是，如果不了解这类人的心理状态的话，恐怕有时就会被怀揣恶意的对方所利用。所以，现在才会有那么多人无知地拥护这些变态人格者。

他们都能说会道，又无所畏惧地果断行动。这种行为，常常被视为非常有魅力，有很多人就是因为不了解其本质，而成了其拥趸。特别是在闭塞的社会中，这些人的所作所为好像捅开了一个窟窿，给人们带来爽快感，容易积攒人气。他们就是这样吸引周围的人，从而能够利用他人。

富有魅力的研究对象

我自己之所以会对“变态人格者”这么关注，就是因为这些人本身是“令人感兴趣的一种存在”。他们过着超越既定规则的生活，这让我作为大脑研究者特别感兴趣。

我曾经是门萨俱乐部（聚集了人类前 2% 高智商者的团体）的会员。

这个组织里聚集了一堆喜欢从各种现象中寻找规律的人。例如，发现字谜或游戏的攻略、了解社会规律，或者通过做实验了解规律，感叹“原来是这样”“其实，也可以是这样”的人。他们会像玩游戏一样享受其中——“大家认为是常识的道德或‘规定’，实际上只是最近才形成的，对个人来说只是一种参照系”。

当发现了隐藏的游戏规则或社会秩序后，有的人就会将其用于歪门邪道。利用漏洞来侵害他人，只有自己一个人可以不遵守游戏规则，干出道貌岸然的行径。借用互联网上的说法，这就是“规则黑客”。

普通人是不会做出这种反道德的行为的。因为，触犯道德底线会让自己没有安全感。但这并非出于一般人所认为的寻求安全的意识，而是源自一种自发的“愧疚感”，所以大多数人才会对反道德的行为“踩刹车”。利用未被他人注意到的获胜方式，会让老老实实做事的人感到反感，被排斥出集体的风险也很高。因此，人们都会很自然地选择不去做这种行为，大脑中就好像有一个会“自动踩刹车”的机制。

但是，变态人格者却并不会意识到这种规则限制，这是令人感到非常不可思议的一件事。他们为何“不会踩刹车”呢？

还有，之前我们说过每 100 个人里就有 1 个这样的人，这么说来，人类在进化的过程中，为何一直没有将变态人格者淘汰掉呢？竟然能让其一直生存到了现在？

也就是说，变态人格者的生活方式（生存策略），虽然看起来与普通人大不相同，但是作为一种生存策略却可能意外地很有效。

进一步来说，变态人格者在人群中占据了一定的比例，在某种意义上，这也可能是为了留存人类的火种。人类社会，也许正是因为有了变态人格的存在，才能得到发展。

不过话虽这么说，变态人格确实也是一种麻烦的存在，这一点毋庸置疑。我们为了保护好自己，有必要对变态人格有正确的认知，注意学会与其相处的正确方式。

首先我将结合典型的变态人格案例来进行介绍，在第 1 章主要讲解其心理、生理等方面的特征，第 2 章则从脑科学的角度来总结其表现出的特点。

目录 CONTENTS

第1章 变态人格者的心理与生理特征

01 变态人格者事件簿

第5章

你身边的变态人格者

第6章

写给可能是变态人格者的你

后 记

主要参考文献

第 1 章

变态人格者的心理与生理特征

01 变态人格者事件簿

国家负担高过抑郁症

从历史角度来看，变态人格总是和犯罪密不可分。

但是，现实情况究竟如何呢？犯人有变态人格的概率到底是多少呢？

根据加拿大著名犯罪心理学专家罗伯特·海尔的统计报告，在服刑的罪犯中，平均有 20% 的罪犯有着变态人格，半数以上的重大案件由他们造成。而且，变态人格者“二进宫”的再犯罪率是其他罪犯的 2 倍，如果只看暴力犯罪的话，这个比例能达到 3 倍。

关押在美国监狱内的变态人格者大约有 50 万。有相关研究者推测，社会上，虽然没有犯罪但依靠巧妙利用周围人得以生存的变态人格者高达 25 万。

而且起诉变态人格者并把他们送进监狱的费用，以及对受害者的赔偿金都是巨大的。根据美国新墨西哥大学的神经科学专家 K.A. 基尔的计算，2011 年，美国在这方面共花费了 4600 亿美元，而这庞大的金额自然由国家来承担。与之相对的是，为了减少“抑郁症”打出的一套组合拳，花费了 440 亿美元。也就是说，针对管控变态人格者的费用比对治疗抑郁症的投入还要高。

那么，典型的变态人格者究竟有着怎样的画像呢？

下面，让我介绍 4 个具有代表性的罪犯吧。

兰迪・克拉夫特（1945—　）

——无视他人感受、“学习”自我满足的手段

兰迪出生于美国加利福尼亚州，在这个保守地区的一个中等家庭中长大。

他天资聪颖，智商高达 129（日本东京大学学生的平均智商是 120），在校成绩优异，取得经济学学位后，以 IT 顾问为职。

然而，背地里的他却是一个连续杀人犯。每到日薄西

山之时，他会一边开着车，一边寻找 15 岁到 25 岁的男性为目标。他请选中的男性喝下了药的饮料，让对方丧失意识。因为兰迪有着沉迷于同性性行为的癖好，所以有时会拷问、强奸对方，再将之杀害，遗体则被他丢弃到车外。12 年间，兰迪这样做过 64 回。他甚至为此做了一份被害者列表，仔细整理了自己的犯罪记录。

在犯案后的第二天一早，他还可以像什么都没发生似的去办公室上班。犯下连续杀人案，还可以不被任何人发觉地保持着日常生活的状态，正是由于这份异常的冷静，他才能在杀人魔和好青年之间“无缝切换”。这就是变态人格的特征之一。

向失败“学习”，化身杀人魔

那么，为什么兰迪可以在调查当局的眼皮底下屡屡逃脱呢？

真相就在于他善于从失败中“学习”。其实，在刚开始实施暴行时，兰迪曾一度被捕。当时，因为他的目标恰巧是一位卧底警官，所以他在犯罪之前就被发现并被警方当场逮捕。

然而兰迪并没有在这次被捕的教训之后金盆洗手，改过自新，而是决定避开成年男性，把目标锁定为十多岁的少年。因为这样的话，对方是卧底警察的可能性就为零了。

保释后，他只寻找十多岁的少年作为自己的目标，继续着自己的罪孽。

但是，又因为事后他将受害者活着放走，导致当地开始爆出有人专门对年轻男子施暴的传闻。

他再次从中“学习”，决定杀害那些被害的少年。在兰迪的意识里，没有“坏事好像要暴露了，收手吧！”只有“杀掉的话就不会暴露了”这样的逻辑。这也是变态人格者独特的学习模式。

这里，我用了“学习”这个词，可能会有人觉得不合适。可是，要想回避危险、满足自身欲望，最合理的做法必然是从过去的经验中学习。

只是，变态人格者不会去思考他人会变得怎样，不会有关怀他人的想法。他们能非常富有逻辑地思考，步步为营，却不能和他者产生共鸣、同情心，也完全没有羞耻意识、犯罪意识。

变态人格者犯罪时的动机常常是“追求刺激”。而且，比起把目标特定为某个人，他们更倾向于将目标的范围扩大。也就是说，变成像兰迪这样不限定袭击目标的惯犯、杀人魔的可能性非常高。

兰迪罪行的暴露也纯属意外。1983 年，他因酒后驾驶被停车检查。当时在轿车的副驾驶座位上发现了一具半裸的男尸。直到今日，兰迪仍在监狱内服刑。

简·托潘（1857—1938）
——活泼开朗、爱吹牛的快乐杀人犯

说到“杀人犯”，一般我们脑海中都会浮现男性的面孔吧？现实也的确如此，根据日本的《犯罪白皮书》显示，大约有 75% 的杀人案件由男性造成。可我们不能否认，也有女性的变态人格者存在。

在美国的马萨诸塞州，有一个叫简·托潘的护士，因为她在工作中乐观活泼的态度，被人们亲切地称为“阳光小简”。

但是，她却有着另一张面孔。自 1895 年到 1901 年这六年，她在自己工作的剑桥医院给患者打入了剂量足以致死的吗啡。当然，这一切都是在没人发现的情况下悄悄

进行的。打入吗啡的患者意识模糊，瞳孔收缩，陷入昏睡状态。

你觉得到此为止了吗？随后，她又给患者注入阿托品。

阿托品是生物碱的一种，有抑制副交感神经的作用，还能抑制胃肠运动，加速心率，和吗啡的药效完全相反。打入阿托品的患者，瞳孔忽然放大，变缓的心跳骤急。最终，患者会全身痉挛、发汗，在病床上苦苦挣扎直到死亡。用这样的方法，她至少杀害了31个人。

1901年，简被捕了。她在被捕之后，面对“为什么做这些”的疑问，回答道：“我也没想什么。”“我也不知道这是多残酷的事。”

通过杀人获得快感

她在杀人的时候能够感受到一种“靡靡之乐（voluptuous delight）”（表示性方面的快感，19世纪的词汇，现在英语中常用ecstasy）。她不会有罪恶感，只有恍惚的感觉。如果目的不是金钱的话，也谈不上有什么怨恨，这只是纯粹的“快乐杀人”。在日本就有与此类似的、通过杀猫来获得性快感的案子——神户儿童连环杀人案，凶手是自称“酒鬼蔷薇圣斗”的少年 A。

因为简的性格开朗乐观，所以在逮捕她后，调查局收到了“她应该不是那样的恶人”等很多反馈。顺便说一句题外话，哪怕是专业的心理学家，在出访监狱和正在里面服刑的变态人格者们谈话后，时常也会有类似的感叹，如“从这个人的谈吐举止来看，他值得信赖啊，一定是因为误会才被关进监狱的吧”。

令人诧异的是，简在被捕的第二年被判为无罪。按照当时的医学，她被诊断为“精神错乱”，没有承担责任的能力。

因为她有“极端冷静把人杀死”的自觉，所以，据说她自己在听到这个诊断结果时，也备感困惑。

所谓变态人格，和重度精神分裂不同，没有妄想、幻觉等症状，也不是那种无法自主做出决定的心智丧失、衰弱的状态。他们的意识是清晰的——这一点，我们现在可以确定。其他的精神病患者也会烦恼，也在痛苦。但变态人格者不一样，他们自身几乎没有任何不愉快的感觉。

变态人格，到底是与生俱来的，还是后天形成的？对于这样的问题，专业人士有着不同的看法。我将在第 3 章详细讨论这些观点。现在，先让我们看看简是在怎样的家庭中成长的吧。

上文提到的兰迪·克拉夫特在中等家庭长大，受教育程度高。与他不同的是，简·托潘出生在爱尔兰裔的移民家庭中。在当时的美国，爱尔兰裔备受歧视。因此，据说她经常撒谎自称“意大利的孤儿”。

她 1 岁丧母，父亲因为精神疾病没有抚养她，祖母则贫困潦倒。所以直到 5 岁，她都在公立的救助机构中苟且偷生。5 岁后，她被人收养。但是，与其说她是成为寄人篱下的养女，倒不如说是被当作仆人任意驱使、虐待。

简不光伪造了自己的出身，还是个撒谎大王。

“我的姐姐可是英国的贵族哦”“我呀，从俄国皇帝那边收到要我过去做看护的邀请哦，但是为了在这儿工作，拒绝了”这类假话，她在日常生活中对谁都说过。她不只是想让他人高看自己，有时也会偷别人的东西。这样看来，简不光有变态人格，患有“自恋型人格障碍”的可能性也非常高。所谓“自恋型人格障碍”，不是单纯地爱着这样的自己，而是认为自己优秀美好，是特别伟大的人格。

有着这样苦恼的癖好，她却完全没有反省，而是继续在众人面前扮演着人见人爱的角色。

“怦然心动”地剁碎

关于简·托潘行凶的具体数据，最初她自曝“做了 31 次吧”，但之后又供述“至少杀了 100 个人吧”。这究竟是隐藏了真相，还是为了炫耀而夸张了事实？又或者，她只是杀了太多人，单纯地记不清具体次数了？

不管怎样，对待杀人这件事，她丝毫感受不到什么深刻的痛苦，她也没有什么情感上的暴力冲动。可以说，她几乎是在用工作的态度机械地进行犯罪。

我为什么认为她有着变态人格呢？因为她表面上表现得十分富有魅力，却习惯性地说谎，迫使大家关注自己，却完全无视他人的痛苦，只为了满足自己的快乐。罗伯特·海尔的这个形容就十分吻合简·托潘的情形：“（变态人格者）像是在感恩节的晚宴上切碎火鸡一样，怦然心动地拷问、剁碎受害者。”

有着变态人格的杀人犯和没有变态人格的杀人犯，在犯罪时也有着天壤之别，就是他们是否会有计划地犯罪。

加拿大的不列颠哥伦比亚大学有过这样一项研究。针对变态人格者犯罪的计划性，心理学家迈克尔·伍德沃斯和史蒂芬·波特对2002年加拿大联邦监狱收监的125名男性杀人犯做了统计。他们把杀人案件分为“冲动、无计划的激情杀人”和“为了享乐或金钱等目的，之前做好计划、有手段的预谋杀人”两种类型。其中，有48.4%的非变态人格者犯下了“预谋杀人”的罪行，而变态人格者“预谋杀人”的比例竟高达93.3%。

而且，变态人格者在犯罪的时候，除了杀戮之外，还有对受害者施加暴力的倾向。例如，不仅仅是勒死对方，他们还会把遗体弄得破破烂烂。他们钟情于拷问、殴打、分尸等虐待狂的行为。同时，迈克尔·伍德沃斯和史蒂芬·波特也研究了变态人格和奸杀的关系。他们调查了2003年因奸杀定罪的38个罪犯，其中有52.6%的非变态人格者和82.4%的变态人格者对死者做出了超出致死范围的暴力罪行。

非变态人格的罪犯们往往都是为了不让死者被发现（就是说隐藏证据）而杀人；而变态人格者们则不仅是这样，他们还有着通过观察他人痛苦的样子而感到愉悦的倾向。

有计划地、理智地犯罪和超出杀人灭口范围的过剩暴力——这就是变态人格的特征。

克里斯托夫·罗康库（1967— ）

——骗局暴露仍面不改色的天生诈骗专家

不是所有的变态人格者都是杀人犯。克里斯托夫·罗康库就是一名游走在法国和美国之间的诈骗专家。

1967 年，他出生于法国的翁弗勒尔。喝得烂醉的父亲和一名娼妇生下了他，之后他就被送入了公立救助机构。

他在 18 岁的时候成了俄国贵族，看到女友父亲的房产时，就当成自己的房产一样，伪造了相关文件，私自把那栋房子卖掉。通过这起诈骗案件，他骗取了 100 万法郎。

他又通过撒谎犯下了数起案件。然而他的谎言被识破的原因，看起来有些愚蠢。

克里斯托夫·罗康库还自称是“洛克菲勒家族的一员”，从资本家手中骗到了以百万美元为单位的投资。然而，他的坐骑暴露了这场骗局：因为他乘坐的轿车不是美国三大巨头（通用、福特、克莱斯勒）的高级轿车，而是日本的马自达。

在被逮捕后的采访中，他直言道：“我觉得自己不是罪犯，因为我只是运用头脑盗窃。”与兰迪·克拉夫特一样，我们完全看不到一丝反省的神色。

甚至他被释放后，竟然把这段经历做成了一门生意，包括开展作为诈骗专家的人生演讲等，也因为形象好，出演了电影中诈骗专家的角色。

“要把剩下的纸箱也打开吗？”
——日本江东区公寓碎尸案

接下来我要介绍的这起案件的罪犯极其猖狂，涉及的是在 2008 年日本东京江东区发生的一起女性失踪被害案件。

一名 23 岁的女性在回到江东区的自家公寓时，忽然失踪了，只在她家的玄关处发现了少量的血迹。公寓出入口处的监视摄像没有拍到她再出门的身影，因此推断她确实是在公寓楼中失踪的。于是，警察开始搜索公寓楼内部，也采集了每一位居住者的指纹。

然而，尽管警方对公寓楼进行了彻底的搜查，但经过了一个月，仍然不知道凶手究竟是谁。各种解不开的谜团和不安的情绪充斥着这栋公寓。

在这之中，有一个年轻的男性居住者过于频繁地出现在各个媒体上。他接受了电视采访，说了很多诸如“（对被害者）有印象”“太可怕了”的评论。案件发生后，传闻他又给公寓的物业打电话，要求“必须有更严格的管理”“增加摄像头的数量”等。

然而一切真相大白之后，才知道这个男性就是凶手。因为他想要把那位女性“变为性奴”，从而袭击、杀人，又将遗体藏在自己家中。之后，观察警察的动向，把遗体切成小块，一部分通过下水道冲走，另一部分遗弃在便利店的垃圾箱中。

为什么他能够在警察的眼皮底下“逍遥”一段较长的时间呢？

当然，警方的搜查员也进入了他的房间搜查。

他的房间中堆着数个纸箱，毋庸置疑的是，搜查员也注意到了它们。他一脸无所谓地协助调查，并且自己率先打开了几个纸箱给搜查员看，并问道：“剩下的也要看吗？”

实际上，最后几个箱子中还有受害人的部分遗体。如果当时搜查员检查了所有纸箱的话，就可以当场将他绳之以法。可是，他自信满满的态度，让搜查员掉以轻心，最终，还是因为留在现场的零星几个指纹，以及只有他在犯罪时间段和被害者在同一楼层这两点才将他逮捕。

即便证据确凿，他在被警察传唤调查、搜索房间时，依旧摆出一副什么坏事都没有做的样子，一脸平和地编织着谎言。由此我们可以推测，这个犯人很可能有着变态人格。

在这起凄惨的杀人案件被侦破后，向犯人的邻居和他周围的人了解情况时，得到了很多诸如“为什么是他啊”“完全看不出他能做出这种事”的回答。

他得到周围人这样的评价并非个例。正因为他有着变态人格，才有能力伪装成普通人，或者伪装成比普通人更加认真的“好人”。

变态人格者给人的第一印象往往是非常好的。他们仪表堂堂、满腹才华，甚至天真烂漫，其外在特征就是能够轻易获得他人的信赖。

02 变态人格者的身心特征

那么，我们能否判断哪些人有着变态人格呢？

关于变态人格的特征，迄今有过各类研究，现在就逐一为大家介绍一下。

变态人格者的典型性格

在本章开头给大家介绍的变态人格者是不是给你留下了冷静猎奇杀人魔鬼的印象呢？事实上，拥有变态人格的人不一定皆是如此。

变态人格者的表现也有好几种：充满魅力，活跃在各类社交场所的机智之人；飞扬跋扈，让人感到不快之人；盛气凌人，感情淡漠之人……

女性变态人格者也有自己的特征，例如，为了获取同情、吸引他人的目光伪装成弱者的。

同时，变态人格者的另一个特征，也经常被提及。在初次见面并有过一定的交往之后，变态人格者会性情大变，好像换了一个人似的。

我们应该尽量避免仅凭第一印象或者对其性格的固有认识来分辨他们。我们必须小心谨慎地观察他们的行为举止，再做出判断。

通过外表分辨变态人格的方法

有学者针对“能否从外表上分辨变态人格”进行了研究。

以英国利物浦大学为中心的研究团队进行了如下的实验：他们给女性被试者看很多男性的照片，这些男性中包含有变态人格者。然后，研究者让她们回答“谁是最帅的”。结果表明，女性被试者倾向于选择变态人格者，认为他们比其他男性更帅（当然，在实验中，研究者没有事先告知她们哪些是变态人格者，哪些不是）。

虽说结果如此，但是单凭这一结果，我们很容易产生

“帅”=“变态人格”这一认识。然而，事实远没有这么简单。

在这方面还有更加直接的研究。

德国法兰克福大学的研究团队以 96 名成年男性大学生和被少管所收容的 14 名男性为研究对象，对他们的脸型进行了研究。这一研究主要是比较他们脸部的长宽比例。结果显示，脸部宽度比例较大的男性，变态人格倾向更高，或者是反社会性倾向更高。也就是说，比起细长脸的男性，脸部较宽，给人以粗犷印象的男性更有可能是变态人格者。

其他研究团队的实验结果也表现出同样的倾向。加拿大布鲁克大学的研究团队做了这样一个实验。他们选择 146 名男性和 76 名女性作为实验对象，让他们玩一个游戏，研究他们在游戏中作弊的概率和脸部长宽比例的关系。这个实验的结果也表明脸部宽度比例较大的人更容易作弊，也就是说他们的变态人格倾向更高。但是，与男性相比，女性的作弊概率和脸部长宽比并没有太大的关系。

可能是受电视剧和电影角色的影响，一听到“变态人格”，很多人的脑海中就会浮现出细长的像蛇一样的脸。可是，上面这些欧美的研究表明，事实并非人们认为的那样。

这究竟是为什么呢？以下的假说或许可以对此做出解释。学界认为，男性荷尔蒙（睾酮）浓度越高，脸部越宽。研究已经证明睾酮分泌增多，人的好胜心和攻击性就会增强。而且，变态人格具有很强的暴力倾向，所以这可能与睾酮的分泌量有着某种联系。

心率与变态人格的相关性

除了外貌，变态人格还具有其他身体特征。其中一个就是心率。

许多实验结果表明，心跳与反社会性之间有相关性。实验结果显示二者呈正相关，即天生心率低，且心率很难上升的人更容易实施反社会行为。

而且，有数据表明，安静心率较低的儿童如果 10 岁之前与父母分离，他们成年后更容易实施暴力犯罪。这一数据源于英国剑桥大学犯罪心理学教授大卫·法灵顿 1997 年的研究论文。

心率与反社会性的关系在发展早期也就是幼儿时期就较为稳定了。阿德里安·雷恩在 1997 年的研究表明，3

岁时心率较低的儿童在长大后实施暴力及违法行为的比例是其他儿童的 2 倍。

阿德里安・雷恩在香港大学进行学术休假期间，以 622 名学生为对象，用“过马路时闯过多少次红灯”这一问题调查了他们对交通规则的态度与习惯，同时还测量了研究对象的心率。结果显示，闯红灯的人与遵守交规的人的心率存在明显不同。闯红灯的人心率更低。

在认为闯红灯理所当然和遵守交规的地区，研究结果可能会有所不同（香港地区交通规则比较严格）。但是，从闯红灯这一个小小的违规行为中就可以看出心率的差别，在严重的反社会行为中，心率的差别会更加明显。

美国著名临床心理学家尼尔・雅各布森（华盛顿大学教授兼临床研究中心所长）和约翰・戈特曼（华盛顿大学教授）在研究中发现，保持冷静的虐待者（可能是变态人格者）的心电图表明，比起在躺椅上休息的时候，他们对妻子实施家暴的时候更加放松。

在介绍连续杀人犯简・托潘事例的时候，我们已经提到过，与女性相比，男性更容易表现出暴力倾向和反社会倾向。那么这究竟是为什么呢？关于这一点，到目前为止没有明确的答案。但是有研究者推测，或许是“因为与女性相比，男性的心率在 1 分钟内要慢 6 下”。

忐忑不安是抑制力

那么，为什么心率低和暴力行为及反社会行为有关呢？

针对这一点，有几个假说。

如果一个人做出违背道德的行为（或是即将实施这些行为），比如把别人推下楼梯、偷东西等，一般来说，他的心率会上升。心率上升会唤起他的不安感，引起他的恐慌。这一信号能让他感到“我不能这么做”，继而反省自己的行为，或者终止这一行为。也就是说心率的变化能够对即将实施的行为加以抑制，使行为人思考“我这么做真的没问题吗？是不是太危险了呢？”正因如此，一般人才不会不假思索地实施让他感到忐忑不安的行为。

可是，对于那些即使想要实施违背道德的行为心率也不会上升的人来说，“不能做这种事”“不可以做这种事”的刹车功能就很难发挥作用。因此他们更容易实施反社会行为。

而且，心率较低的人即使陷入危险和令人紧张的状况，他们的感受也很迟钝。普通人一旦感觉到危险，心就会怦怦直跳，但是对于心率本来就低的人来说，他们的心率基本不会发生变化。正因如此，他们很难理解普通人在这一情况下的心情。所以，有学者认为，他们很容易越过道德和法律的界限。换句话来说，心率较低的人与普通人的感知方式不同。因此，他们很难与对方共情，更容易滑向反社会行为的深渊。

也有假说指出，“心率低的人会因为心率低下更容易产生生理上的不快。因此，为了将自己的心率提升至最佳水平，他们会寻求强烈的刺激”。心率较低意味着大脑没有处在一个较为活跃的状态。因此，在这种状态下，人会感到疲倦，没有精神。这种状态令人感到不愉快，为了使大脑进入活跃的状态，人就会做出过激行为，甚至不惜动用暴力。

但是，心率难以提高的这一特性，对个人乃至社会来说也有正向作用。

哈佛大学研究员斯坦利·拉赫曼测量了专业拆弹部队队员的心率。他依照是否获得过勋章将队员进行分类，对他们在执行需要高度集中注意力的危险任务时的心率进行了测定。令人震惊的是，获得过勋章的队员在执行危险任务时心率反而会下降。

从以上这些研究中我们可以明显看出，心率较低是一种与性格相关的特质。

考虑到心率较低这一特质，或许我们就能理解变态人格者中不只有罪犯，还有很多企业家和律师。面对大量的听众进行演讲，在法庭上进行辩论，面对这种情况，普通人会因为紧张而很难发挥自己的实力，但是他们即使面对这样的情况，只要心率不提高，就能够冷静地行动。

变态人格者的 IQ 很高？

在“脑袋灵不灵光”这方面他们表现如何呢？

受一些以变态人格为题材的虚构作品的影响，或许有人认为变态人格者“IQ 很高”，变态人格者是“天才”。

但是，变态人格者的平均 IQ 水平与一般人相比，并没有太大区别。从统计学上来看，二者并没有明显差距。如果我们把重点放到社会性的评定上，并对他们进行分类的话，反倒是变态人格者的 IQ 会呈现更低的水平。变态人格者并不都是智商高的人，他们和普通人一样，既有聪明人，也有笨人。

人们误认为变态人格者 IQ 很高，是因为变态人格者能够若无其事地越过伦理的界限，而这一界限正是社会常识中“一般人不会这样做”的事情，甚至在变态人格者的眼中，本就不存在这样的界限，所以他们的行为才不受拘束。

一般人会相信性善论，认为“别人和我一样都会遵守规则”，秉持这样的信条来行动。所谓规则，对普通人来说就是“不可以说谎”，对科学家来说就是“实验结果必须经过科学的实验步骤”。

然而，面对平静地无视规则，甚至对此毫无罪恶感的人，我们很难辨其谎言和不端。人们甚至会误以为“变态人格者很聪明（所以和我们不一样）”。像这样，试图从不走寻常路的人身上发现他具有特殊能力的想法，可以说是一种认知偏差。

但是，也有研究结果指出，在变态人格之中，有暴力倾向和冲动性较低的少数人比普通人的智力水平高。

积极性高，所以感觉不到不安

在介绍了脸的长宽比、心率、IQ 这些生物学上的性状之后，我想针对变态人格者的行为方式进行介绍。

2014 年，挪威卑尔根大学的一个研究团队在其发表的论文中介绍了一个很有意思的实验。他们以 74 名年龄在 19 到 71 岁的男性犯人为对象展开了实验，结果显示，即使是在令人感到不安的状况下，在很大程度上，变态人格者仍倾向于去控制这一局面。

一般来说，当人处在一个无能为力的环境中，不安感就会增强；在可以控制的环境中，不安感会降低。

但是，从卑尔根大学研究团队的实验结果来看，变态人格者积极性很高，他们倾向于参与到事件中并掌控全局。在他们发表的这篇论文中，他们提出了如下结论，即“为了掌控全局，变态人格者的不安感很低”。

如果我们从不安这一切入点观察变态人格，还会发现许多有趣的研究。

英国和加拿大的多个研究团队针对“容易被捕的变态人格者”和“不易被捕的变态人格者”之间的区别进行了实验研究。容易被捕的变态人格者，比如我们在上文中提到的简，他们会毫不犹豫地实施犯罪，但是他们的犯罪很容易暴露。反之，不易被捕的变态人格者是那种融入社会中，作为邻居生活在我们身边的变态人格者。

“容易被捕”和“不易被捕”的差别究竟在哪里呢？

举一个简单的例子，一般人如果面对一个蛮横强势的人，就会感到压力，对他产生厌烦情绪。又比如说，当一个人身陷危险的时候，他的不安感就会增强，人类的生理机制决定了人在这种环境中会持续保持在不安的状态。

可是，变态人格倾向很高、容易被捕的人在面临相同的情况时，他的不安感依然很低。即使处在危险中也感觉不到不安，这就意味着他很难察觉到被捕的危险性，无法避开危险的可能性很高。

另一方面，变态人格倾向很高、不易被捕的人又有着怎样的心理机制呢？他们的不安感也很低。但是，眼看就要达到“很危险”的程度的时候，他们的不安感会突然大幅增强。在千钧一发之际，他们的不安感被唤起，使他们能够回避危险的状况。正因为具有这一特征，他们才能够意识到“再做下去就会被抓住”，在被捕的边缘收手。因此他们不容易被捕。

上述这样能够意识到危险并进行回避的变态人格是性质更为恶劣的、危险的变态人格。

擅长读取对方眼神中流露的情感

变态人格者有一项特殊的才能。

即使给变态人格者看饱受饥饿之苦的人们的悲惨的照片，他们大脑内与感情相关的部分也没有反应。这是因为，他们的“共情性很低”。

美国国立精神卫生研究所（NIMH）的精神医学学者詹姆斯·布莱尔、德雷克·米歇尔、卡丽娜·布莱尔在他们三人共同编著的书籍《变态人格：冷酷的大脑》中提到，当目睹他人的惨状时，与一般人相比，变态人格者的自律神经（为了协调循环系统、消化系统、呼吸系统等部分的机能，24 小时运作的神经）的反应更弱。而且，一项通过表情和声音来读取他人感情的实验显示，在读取“愤怒”“喜悦”“震惊”这些感情时，变态人格者与普通人的水平一样，但是他们缺乏理解“恐惧”“悲伤”的能力。

可是，在欺骗、利用他人，或者实施诈骗时，如果完全无法理解对方的情感，就不可能骗到对方。想要抓住他人的心，必不可少的就是理解他人的感情。共情性很低的变态人格者为何能将他人玩弄于股掌之中呢？

实际上，变态人格者拥有一项非常突出的才能。他们能从对方的眼神和表情中读取出对方所处的情况。给实验对象看不同人的眼部照片，让他们理解照片中人的感情，一般人的回答的正确率是30%，与之相对，变态人格者的回答的正确率达到了70%。也就是说，看到他人的眼神中流露出“悲伤”“痛苦”，变态人格者虽然不能“感同身受”，但是他们能够理解对方正处于怎样的精神状态。

另外，实验结果还表明，一般人想要从变态人格者的眼神中读取他们的情绪和想法是很难成功的，因为变态人格者是不会“喜形于色”的。

举例来说，眨眼的频率是判断一个人在多大程度上抑制自己不安的有效指标。总是眨眼的人被看作很难控制自己的不安。变态人格者的特征之一就是与普通人相比眨眼的次数很少。

对煽动性话语的反应较小

虽然无法“共情”，但是能够“理解”，针对变态人格者的这一能力，还有许多的实验结果。

罗伯特·海尔进行了如下的实验，他给志愿参与实验的被试者看一串文字，让他们在尽可能短的时间内判断这串文字能否组成单词。

实际上这不是测量反应能力快慢的实验，而是观察被试者面对组成的单词会产生怎样的心理反应的实验。

在面对像“t-r-e-e”（树）这样毫无感情色彩的单词时，普通的被试者没有任何心理波动。然而面对像“r-a-p-e”（强奸）这样引起人不安的单词时，普通被试者就会表现出强烈的心理波动。

然而，变态人格者不管是面对普通的单词，还是具有煽动性的单词，都没有表现出任何的心理波动。

另外一项实验的结果显示，变态人格者在说出“我爱你”和“我想喝咖啡”时，脑波没有任何变化。

广岛大学准教授、变态心理学专家杉浦义典在他的著作《冷静地伤害他人的人们》中指出，变态人格的行为“如同回答语文考试试题一样”，就像是回答“请在规定字数以内写出这个人的心情”这类问题。在考试中如果让他们回答“根据文脉进行类推找到文中的描述”这样的问题，一定比“是否真正理解那个人的心情”这类问题更容易得高分。变态人格者进行的就是这样的工作。他们认为“在这种情况下，别人会有这样的感受，会这样思考”，他们就像在考试中找答案一样解读对方的心情，操控对方。

变态人格者能隐隐地感觉到自己的共情性很低。而且，他们知道，如果完全不表现出理解他人的举动，对自己来说就会很不利。因此，他们会采用其他方式来应对。

他们会抓住对方的弱点来控制对方。不知道在你周围有没有这样的人。

首先，他会向对方卖一个人情。如果对方缺钱，他就借钱给对方；如果对方缺人脉，他就给对方提供自己的人脉。即使对方没有要求，他也表现得很亲切。在开始交往的初期阶段，他会让对方觉得“这是个好人”“他一直帮我，真是多亏了他”。

可是，当信赖关系逐步建成之后，他就会因为一些小事，甚至毫无缘由地大发脾气。

“他对我这么好，现在他生气了，是不是因为我哪里做得不对呢？”对方其实完全没有必要道歉，但是为了维持这一关系，对方就会想，还是去道歉比较好吧。

重复几次上面的流程之后，在对方某次做得不好的时候，故意找碴儿对他发火说：“我对你这么好，你怎么回事？”因为不想被恩人讨厌，一般人即使觉得错不在自己，也会道歉。

于是变态人格者的态度就会 180 度大转变，接受对方的道歉，然后会恭维对方，“能这么诚恳地向我道歉的，也只有你了”，以此来激起对方的自尊心。

像这样重复胡萝卜加大棒的方式，巧妙地利用对方不想惹人生气、不想被讨厌的这种回避惩罚的心理，利用对方想要被表扬、想要给别人留下好印象的想法，滥用对方“善意的报恩心理”，即对于有恩于自己的人必须有所回报的心理，来构筑自己和受害方之间控制与被控制的关系。

在职场和恋爱等范围较小的人际关系中，有时会感到“想要被认可”，有时因为对方的暴怒不得不自我反省，在这一过程中，有的人就会渐渐变得只看对方眼色行事。说不定，处在这种人际关系中的另一方就是变态人格者。极端地来说，甚至会产生没有对方命令就无法行动的情况。

变态人格者就是利用这种手段来操控别人的。从被操控一方的眼神和表情中冷静地读取出他们的心理波动，欺负到这种程度也没关系，变态人格者往往会在对方战战兢兢的时候恭维一番，对方就会对自己言听计从。他们总是能够内心毫无波澜地做出这样的事情。

变态人格者所重视的道德和忽视的道德

除了上述特征之外，变态人格者还有怎样的心理特征呢?

人们认为变态人格者“没有良心”“缺乏道德”。

可是，在讨论这一问题之前，我们首先要弄清楚，“道德”究竟是什么。

美国社会心理学家乔纳森·海特（弗吉尼亚大学教授），将道德分为5个领域，他进行了一项实验，研究变态人格者在这5个领域的道德中哪一种道德水平最低下。

海特的分类如下：

1.“不加害于他人”的道德

即“不能杀人”。

2.“重视公平关系”的道德

举例来说，就是不认为“自己可以出轨，对方出轨不可饶恕”的公正。

3.“对集体的归属感和忠诚”相关的道德

海特认为，重视所属的集体和组织也是道德的一种。

4.“尊重权威”的道德

尊重比自己地位高的人，不容许地位比自己低的人反抗，即重视次序。

5.“重视神圣、纯洁”的道德

这也包括宗教与信仰。

海特的研究表明，变态人格者并非轻视所有的道德。研究结果显示，他们在这5个领域的道德水平参差不齐，即他们尊重某一部分的道德，轻视另一部分的道德。

那么他们重视什么，又无视了什么呢?

分数极低的是第1点“不加害于他人”和第2点以“公平”为尺度的道德。

然而，在其他3个尺度上，即“对集体的归属感和忠诚”“尊重权威”“重视神圣、纯洁”这几方面，他们的得分竟然很高。

或许是因为变态人格者认为遵守这3种道德符合他们的生存战略。

比如，在黑帮等反社会势力中，对组织的忠诚和次序很受重视，头目通过袭名仪式等活动，其权威和神性也会被强调。加入反社会势力的人中，持有反社会性价值观的人，即变态人格倾向较高的人大概很多。而需要支配操纵这些人的集团干部，他们的变态人格倾向较高的可能性就更大了。又比如说，黑心企业的经理和管理层说不定也有类似的倾向。

反社会性集团对加害他人毫不在意，可是其内部又非常重视归属感、权威与神性。海特的研究或许可以成为解读反社会性集团组织理论的钥匙。

毫不关心与自己的得失无关的事物

虽说变态人格者缺乏人类的感情，但是这并不意味着他们毫无感情。虽然他们确实很难感觉到恐惧和不安，但是他们并非对所有负面感情的感受能力都很低下。

比如，变态人格者也会“忌妒”。

但是，他们毫不关心与自己的得失无关的人。只要不和自己产生直接的利害关系，即使在集体中发生了只有一人获利的事情，他们也不会表现出任何兴趣。只是因为有谁运气好，赚了一笔小钱，或者生活奢侈，就会有很多人说闲话，在这些人中变态人格者表现得不为所动。

批评别人这种行为，虽然能让人感到愉悦，但是与此同时，当事人也需要背负被对方报复的风险。因为批评别人没有任何的好处，比起承担被报复这一成本，他们对那些更利于个体生存的事物毫不关心。变态人格者就是这样做出了冷静的判断。

在分辨变态人格倾向较高的人的实验中，有一个叫作“最后通牒游戏”的心理实验。假设你的面前有 1 万日元，参加游戏的有两个人。现在，假设参加游戏的是我和你，我有权提出如何分配这 1 万日元，而你有权同意和否决我的提案。如果对我提出的分配比例不满的话，你可以行使否决权。也就是说，如果你觉得“分得这么不公平太气人了”，你可以通过行使否决权来报复我。

但是，一旦你行使了否决权，你和我可以拿到的钱都会变成零。这个游戏有趣的地方就在于，通过观察参与者在游戏中的应对方式，可以理解参与者的心理倾向。实验结果显示，面对不公平交易，否决率高的人在大五人格理论中的宜人性因素上得分很高。

那么，现在我拿 9900 日元，你只能拿 100 日元，你觉得这样可以吗？

“什么？为什么我只能拿 100 日元？是不是有点不公

平呢？”一般人会有这种感觉。

那么，变态人格倾向很高的人会怎么想呢？“不管分配比例是什么，只要能拿到钱就是赚到”，因为这样的理由，他们并不会进行否决。“比起报复对方导致自己1日元都拿不到，只要拿到1日元就算是赚了。”对变态人格者来说，自己的得失才是最重要的，对方是否获利，是否耍赖，他们对此毫不关心。他们不会产生想要报复的心态，只把注意力放到自己能否获利这个层面上，冷静地做出判断。这或许是变态人格者看起来IQ很高的原因之一。可是，这与IQ无关，他们呈现出这样的状态，只是因为他们对别人的事情毫不关心。

但是，变态人格者也并非十足的以自我为中心，他们也会考虑他人的感受。

对于自己人，变态人格者也会为了他们的利益而做出牺牲。因为他们知道，自己人获利的话，自己也会间接地得到好处。

当自己已经拥有的东西（金钱和恋人等）和认为自己已经拥有的东西被夺走的时候，又或者是自己想要的东西被夺走的时候，变态人格者才会产生负面情绪。在这种情况下，他们会不计后果，为了把自己的东西夺回来而勇敢地采取行动。

变态人格者的烦恼和痛苦

虽说变态人格者对“疼痛”的感觉很迟钝，但是理所当然，他们也会感到烦恼和痛苦。

他们究竟在烦恼些什么呢？

武汉大学的一个研究团队在2015年发表的一篇论文显示，变态人格者最大的烦恼是孤独感太强。他们往往很难和他人建立信赖关系。即使他们自己认为已经建立起了信赖关系，但因为他们无法理解别人的痛苦，而且他们独特的行为习惯看起来异于常人，所以人际关系往往不会长久。

如果周围的人接二连三地离开自己，那么这个人就会给人一种无法维系长期稳定的人际关系的印象，在与周围人的交往过程中就会破绽百出——变态人格者就是这样越来越孤独的，他们感觉没有人理解他们。

如果周围人知道变态人格者无法和别人共情，就会觉得“他是个危险的家伙”，变态人格者也会越来越被孤立。而向周围人表明自己的想法也很难，那样等于是暴露了自己变态人格的本质。

澳大利亚西悉尼大学的研究团队以美国劳动者为对象进行了一项调查。

调查结果显示，变态人格者倾向于认为职场与其说是“协同合作的场所”，更像是“竞争的地方”。他们将职场看作弱肉强食的世界。因为他们对自己以外的人毫不关心，所以无法认识到职场这个世界是互相帮助的场所。因此，就像做游戏一样，他们只想着“赢”。调查结果表明，他们很难在工作中感到充实，很难从自己的“成功”中获得满足。这也是变态人格者特有的烦恼之一。

构建了认知行为疗法理论基础的美国精神医学家亚伦·贝克（宾夕法尼亚大学教授）指出，变态人格者认为自己是“顽强自立的独行侠”，其他人是“有压榨价值的人类”，他们渺小而脆弱，只能成为牺牲品。变态人格者认为，通过保护自己，成为“剥夺方”，可以避免成为“被剥夺方”，所以自己被赋予了打破社会规则的权利。

利物浦大学的心理学学者罗纳德·布莱克本和 J. 迈克尔·李·埃文斯指出，变态人格者的行为是由他们抱有的“感受到他人的恶意”这一认知偏差引起的。也就是说，变态人格者认为“周围的人对我有敌意”，所以他们也抱着敌意与他人对抗。

如果他们眼中的世界是充满敌意的，那么变态人格者实在是非常悲哀的存在。

他们能说会道，翻来覆去地改变自己的主张和态度；他们以自我为中心，控制欲很强；他们认为自己的失误百分之百都是别人的错；他们看起来好像整天都在不切实际地幻想。他究竟想做什么？他生存的乐趣是什么？或许在知名的政客与企业家中，总有几个人会让我们产生这样的疑问。

然而，他们把周围的人视作仇敌，因此他们必须破坏现存的世界。即使面对自己造成的不良后果，他们的心中也毫无波澜。因为他们对万事万物缺乏感情与关怀，所以他们不会在自己的工作中感到责任的存在。他们很难满足于现有的工作，会不断地改变兴趣，接连改变交往对象。

有人说，变态人格者在漫长的无聊中挣扎，他们容易厌倦，很快就会转变感兴趣的对象。他们的样子简直就像个小孩。

借用哈佛医学院心理治疗师玛莎·斯托特的一句话，

变态人格者不只是无法和他人建立联系，他们与自己的关系也很淡薄。

与反社会行为相关的四个科学假设

在这一章中，我们介绍了许多疑似变态人格者的事例，还介绍了对许多变态人格外貌及行为特征的研究。

兰迪和简不是一时冲动将人杀害，而是异常冷静地实施了犯罪。还有欺诈专家克里斯托夫，他说谎如同呼吸一般自然，在说谎的瞬间和说谎之后，他都能和平常一样保持平静。

为什么他们能若无其事地做出诸多恶行呢？

为什么他们会具有这种特征呢？

关于变态人格者实施反社会行为的原因，可以粗略地分为四个假设。

从下一章开始，我会以这些假设为依据，探寻形成变态人格行为模式的根源。

首先，让我们简单了解一下这四个假设。

①缺乏恐惧感假设（低恐惧感假设）

这一假设认为，变态人格者缺乏恐惧和不安的感情，所以他们会做出特定的行为。这一假设叫作低恐惧感假设（low fear hypothesis）。

这一假设是美国行为遗传学家大卫·莱金肯提出的。大多数人即使因一时冲动想要作恶或者实施暴力，也会因为担心被捕而感到恐惧和不安，因为这种担心的抑制作用，他们最终会放弃犯罪。

可是，有一部分人发挥抑制作用的不安感很低。这一部分人就是变态人格者。他们可能没有抑制反社会行为的刹车装置，或者即便有也基本不发挥作用。

②注意力缺陷假设（反应调节假设）

“注意力缺陷”假设又称“反应调节”假设，即变态人格者在注意力及信息处理方式上存在特定缺陷的假设。

这是威斯康星大学的心理学教授约瑟夫·纽曼提出的理论。

他的主张称，与其说变态人格者不容易感觉到不安，倒不如说他们的注意力只集中在眼前的事物上，与此无关的事物很难进入他们的视野中。

从某种程度上来说，变态人格者的注意力“过高”了。因此，除了自己关心的事物和眼前的利益，他们无法思考其他的事。也就是说，这一假设认为，他们没有精力计算别人的心理变化，所以更容易实施反社会行为。换句话来说，变态人格是一种学习障碍，或者是信息处理能力障碍。因为他们在预测惩罚和损失的能力上存在障碍，所以他们会做出不同寻常的举动。

纽曼认为，变态人格者不顾蒙受损失和遭受惩罚的可能性，只对利益表现出极大的执念就是一个很有力的证据。

纽曼还认为，用这一假设也可以解释变态人格者在自我管理、自我评价、自我调节，即自我控制能力上表现出的混乱（普通人可以做好这三点，但是变态人格者能做到的部分和做不到的部分有很大的差别）。

③“广撒网多捞鱼”战略假设

“广撒网多捞鱼”是一句俗语，但用在这里也是为了形象地解释这个假设的含义。

这个假设是基于进化心理学的见解。进化心理学认为，人类大部分的心理机制都是对外部环境不断适应的结果。

在这里，我所说的“进化”，与人们认为的“成长”或者“变为卓越的状态”的意义是不同的。

这里所说的进化是指，具有某一性状的个体，由于非人为地适应自然环境的结果，使得这一性状在种群内得以传播，使得这一物种普遍具备这一性状。

打个比方，很久很久以前，人类的祖先分为两类，一类是具备“恐惧”这种情感的个体，另一类不具备这种情感。当遭遇未知的危险时，具备“恐惧”这一情感的个体比不具备这一情感的个体生存下来的可能性更高。

于是，可以感受到恐惧的个体存活下来的更多，可以繁衍生息。而感受不到恐惧的个体就会因为意外事故死亡，或者因为受伤无法繁衍后代，相对而言数量就会减少。

如果这样的过程不断反复的话，结果会怎样呢？

从长远角度来看，我们可以认为，具备恐惧这一感情的个体数量增加，这种性状会在人类这一物种内得到广泛传播。

反之，现在大多数人普遍具备的心理机制（比如，如果看到有人被施暴或被虐待，就会对其产生同情和怜悯的情感）可能正是人类在历史进化中对生存和繁衍起了某些积极作用的产物。

那么，从进化心理学的角度来看，变态人格者得以繁衍至今，是因为他们的某些特征对生存和繁衍是有效的。即使它们具备一般人看来不受欢迎的特征，比如，可以冷静地说谎，或是无法理解他人的痛苦。或许在道德上这种观点令人无法接受，但它确实有存在的可能。

那么与普通人相比，在什么样的环境下，变态人格者才更容易生存、繁衍呢？

比如，在以粮食为首的生存资源较为丰富的环境中，即使不用付出诸如长时间照顾儿童这种高额的养育成本，儿童也会很快自立；即使适当地采取放养措施，孩子也会自己找到食物；即使父母和周围的成年人不用时时刻刻保护孩子，孩子也会茁壮成长。

于是，在这种环境下，长期与特定的异性接触共同养育孩子，这样花费的成本势必会更高。相反，在短时间内与大量异性接触，甚至不惜采用欺骗的手段迷惑对方，达到发生性行为的目的，像这样使不同的异性生下更多孩子，或是自己生下更多孩子的个体，所得到的繁殖机会也就更多。

而且，即使是那些被花心的男人抛弃的妻子，或者是被巧舌如簧的女人欺骗的男性也不会面临严峻的生存问题。只要他们能找到食物，寻找其他伴侣继续生存下去，比起去惩罚、报复欺骗他们的人，反而显得更合理。

像这样在短时间内接触大量异性来实现更多繁殖机会的生存方式就叫作“广撒网多捞鱼”战略。

这一假设认为，与采取这种行为战略相匹配的行为特征正是我们今天所说的变态人格者所具备的性状。

或许这听起来像是虚构的小说，但是这种现象在现实社会中是真实存在的。关于这一点，我会在第 4 章做详细介绍。

当然，只要能迷惑对方，就算采取欺骗的手段也无所谓，即使背叛伴侣也要和不同的异性发生关系，有这样想法的人很难融入现代社会。所以，今天我们把他们的行为称为“反社会”。

④缺乏共情假设

这是美国国立精神卫生研究所（NIMH）的詹姆斯·布莱尔提出的假设。

这个假设是脑科学研究逐步发展后才出现的比较新的假设学说。因为变态人格者的大脑中杏仁核这一领域机能不全，又或者是杏仁核与眶额皮层的联结较弱，所以他们才会实施反社会行为。

我将在第 2 章针对这一假设进行详细解释，并以这些假设为基础，从脑科学的视角来探究变态人格。

第2章

变态人格者的大脑

在第 1 章中，我们介绍了变态人格者的行为模式和心理特征。

可是，变态人格者为什么会做出那样的行为？他们的大脑以何种机制运转？这是一个持续多年的谜团。

在这一章，我将从脑科学的角度出发，探索变态人格者的大脑运转机制。随着大脑成像技术的发展，变态人格者的大脑特点也愈加清晰。

在阐释大脑运转机制的过程中，专业术语是不可避免的。本书会尽可能地使用简洁平实的词汇，并加入了图解，使变态人格者的大脑结构能更形象地展现给大家。

首先，我们来看一下变态人格者的大脑在知觉能力（指感受外界刺激并进行定义的能力）和学习能力方面具有哪些特征。

然后，我们将就第 1 章中介绍过的“容易被捕的变态人格者”和“不容易被捕的变态人格者”进行讨论，探讨这两者的大脑有哪些区别。

01 变态人格者的大脑知觉能力和学习能力

没有“热共情”的大脑

为了筛选出变态人格者，科学家们进行过如下的实验。

假设村子里来了一个杀人狂，大家都躲了起来。在大家不得不屏住呼吸，尽量不发出声音的情况下，突然有一个婴儿哭出了声。如果被杀人狂发现，包括你在内，全村人都可能被杀掉。那么，你会如何处置这个婴儿呢?

面对这种道德上的两难境地，大部分人都会回答“想尽办法不让声音传到外面”。但是，变态人格者就会毫不犹豫地回答说“把他掐死”。

假如你是一名外科医生，现在在你眼前，有五名患者，他们分别需要移植心脏、肝脏、肾脏等器官。正在这时，你的眼前出现了一位身份不明，没有家人但又身体健康的年轻人。如果把这个年轻人的器官分给这五个人，他们就能活下去。是杀死这一个人救活五名患者，还是放过这个年轻人，对五名患者见死不救。你会怎么选择呢？

一般人都会纠结“杀死一个健康的人实在是……”可是面对这个问题，变态人格者会毫不犹豫地选择杀死这个年轻人，因为他们认为这才是合理的做法。在我们的周围，即使没有这么极端的例子，也有很多与之相似的情况。比如，有些政客以“这很合理”为理由无情地推进伴随着剧烈影响的改革，或以牺牲弱者为代价的政策，即使采用人身攻击的方式也要彻底扳倒反对派。

变态人格者不会从道德的角度做判断。他们认为“合理即正确”。他们不能预测做出如上的回答之后，周围人会如何谴责他们。即使他们能够预测，他们的实际感受也是不明白“大家为什么因为这一点小事就说三道四”。而且，他们即使被谴责，也不会产生心理阴影。

英国牛津大学实验心理学教授凯文·达顿指出，共情分为伴随着情感的“热共情”和用尽心机的“冷共情”。变态人格者即使拥有冰冷的算计，也没有热共情。从道德层面来说，热共情是衡量道德性的必要条件。因此，我们才能通过道德两难境地的实验筛选出变态人格者。

难以感知恐惧的大脑——杏仁核活动能力低下

那么，为什么变态人格者没有“热共情”呢？

为了了解大脑的运转机制，近年来，使用 fMRI（功能性磁共振成像）设备进行研究的势头正盛。这种设备通过在被试者的头部设置磁场，测定血流的动态，就能检测出大脑的哪个部分被激活（活性化）。

使用这种设备进行测定，就能明显地发现与一般人的大脑相比，变态人格者的大脑中被叫作“杏仁核”的部分活性较低。那么杏仁核究竟有什么作用呢？杏仁核是大脑边缘系统的一部分。杏仁核位于耳朵上方的内侧，海马体的前方，左右两侧各有一个。大脑边缘系统是控制快感、喜悦、不安和恐惧等情绪的领域，也被称为“情感脑”和“哺乳类脑”。这一部分属于回报系统。

在人与动物的大脑中，当“想要”和“想做”的欲望被满足时（或者意识到它们可以被满足时），回报系统这一神经系统就被激活，释放出快乐的感觉。

在其他生物身上，一般来说，吃到食物、进行交配与回报系统的运行有关。但是，人类在进行更为高级的、具有社会性和长期性的活动，比如“接触到美的事物”“好奇心得到满足”“被别人需要或被爱”“养育下一代”时，回报系统就会被激活。

在回报系统中，杏仁核是决定人的快乐与不快和恐惧等基本情绪的场所。当我们吃到美食，接近自己心仪的对象，就会感受到快乐。而控制这种情绪的就是杏仁核这一部分。此外，像可卡因这种给人带来快感的药物，就是作用于以杏仁核为首的大脑边缘系统。

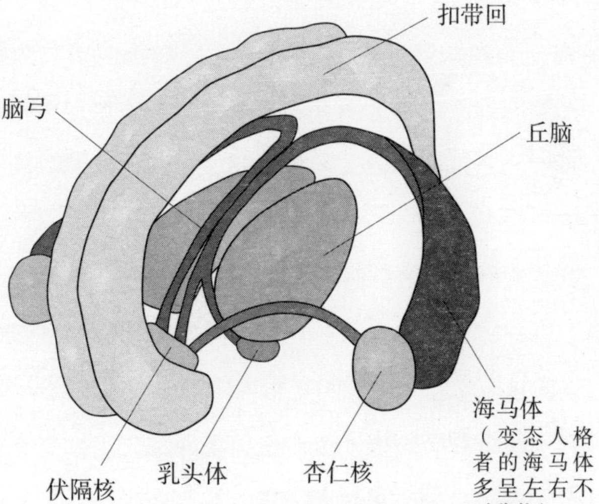

图 1　大脑边缘系统的构造

例如，即使是自出生后从未见过蛇的小猴子和新生儿，如果给他们看蛇，或者是细长的不停扭动的物体，他们也会感到恐惧。这种与生俱来的恐惧感也是杏仁核机能反应的结果。

此外，与大脑内的其他地方相比，杏仁核接受外界各种感觉信息（刺激）的速度也不同。与掌控社会性和理性的前头叶的传导速度相比，杏仁核的传导速度是它的两倍。这一点可以解释为，本能反应会先于思考。

众所周知，如果以手术的方式摘除杏仁核，人就无法理解呻吟、悲鸣和愤怒的声音等否定的信号，即使不能吃的东西也会抓到就往嘴里送，对一切事物发情并企图交配，即使面对以前害怕的动物或者蛇也会淡定地接近它们（这被称为 Kluver-Bucy 氏综合征，又称颞叶切除后行为变态综合征）。

变态人格者的杏仁核机能低下，也就意味着他们感知恐惧、不安等身为动物与生俱来的基本情绪的机能较弱。

下面这个实验可以说明变态人格者很难感觉到恐惧。

有一块写有字的电子显示板，上面的文字会发出绿色或红色的光。此外，被试者的身上接有电极。当文字发绿光并闪烁时，什么都不会发生。但是，当文字发红光并闪烁时，被试者的体内就会有电流通过，使他们感觉到触电一般的痛苦。

在按照绿→红→绿→红的顺序交替的过程中，即使在文字发红光并闪烁的时候，不会有电流通过身体，普通的被试者也会感到恐惧。大脑会认识到红色的文字＝痛苦。这就是“条件性恐惧”（条件性厌恶）。

可是，变态人格者即使看到发红光的文字，也不会产生任何情绪变化。因为他们的大脑识别不出恐惧。

上面提到的凯文·达顿教授也进行过这样不同寻常的实验：他收集了感到恐惧的人的汗液，并让在赌场玩情景游戏的被试者闻这些汗液。普通人闻到汗液后，赌博的态度都变谨慎了。大众受到恐惧的感染而后引发恐慌，从而引发大型事故。这种事件时常发生。感到恐惧的人的汗液中，或许有将恐惧传染给他人的成分。可是，变态人格者即使闻到感到恐惧的人的汗液，也不会有任何的情绪变化，由此可以认为他们不会受到恐惧的传染。

在给被试者看有各种表情的脸部照片（愤怒、悲伤等情绪的脸部照片）的实验中，在普通人和变态人格者之间会产生很大的不同。

而且，人们很容易将情绪和行为不稳定的边缘型人格障碍患者和变态人格者相混淆。可是，如果对边缘型人格障碍患者进行脸部照片的实验，就会明白他们的杏仁核机能过剩。显而易见，他们和变态人格者很不相同。

综上所述，在变态人格者的大脑中，比起恐惧和不安的情绪，理性和知性更容易发挥作用。那么，变态人格者做出令普通人感到惊异的选择，其原因也就不难理解了。

杏仁核同前额皮层的联结较弱

本来，杏仁核的功能就不只局限于与生俱来的反应。而且，杏仁核并非单独发挥作用，而是与大脑内的其他部分共同发挥作用。

以长远的视角来分析事物，对各种冲动加以制约，这就是前额皮层所发挥的作用。在前额皮层中，如果眶额皮层和腹内侧前额叶皮层与杏仁核联结，人就能将自己所处的社会现状同“快与不快”的情绪体验相结合，在平衡二者的基础上进行判断。

在人脑中掌控认知功能的部分大致分为两个：一个以大脑边缘系统为中心，负责掌控情绪；另一个以前额皮层为中心，负责管理思考。

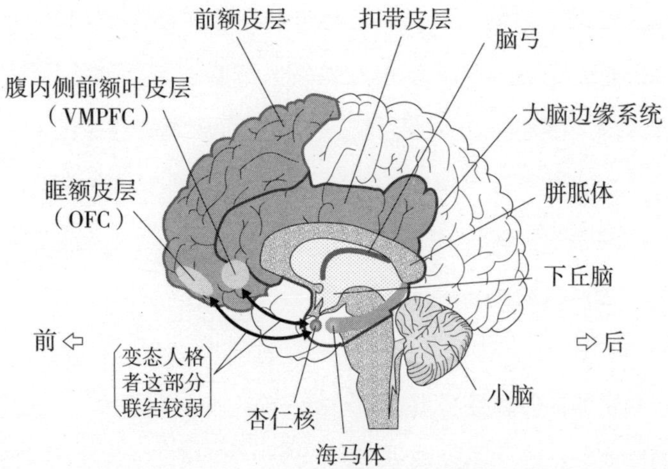

图 2　前额皮层的主要构造

大家可以做如下的想象。自己会有像小孩子一样，反应迅速，甚至偶尔反应过度的时候，也会产生任性的情绪。而身为成年人的自己就会控制好它们（前额皮层会在25 岁之前发育成熟）。

在通常情况下，如果一个孩子受到家长的表扬，比如“你努力过了，真厉害”，他就会认识到“努力是一件好事”。大脑形成了寻找努力的意义（这能使人愉悦）的机制，人就会学习行为规范和善恶正邪的标准。

其中，眶额皮层和腹内侧前额叶皮层的机能是控制情绪记忆的。情绪记忆是指能唤起人后悔、生气和快乐等情绪的记忆。这一部分机能较高的人能够控制冲动的行为，在人际交往中举止得当。与之相反，如果这一部分的功能低下，人就不能理解在面对他人时“可以做的事”和“不能做的事”之间的区别。

通过与对方产生同感，眶额皮层能够遏制冲动性的行为。

比如，你遭受了苛刻的对待，你有一种想要杀了“他”的冲动。这时你的眶额皮层就会发出如下引发同感的信号：“被刺伤了一定很痛”“会流很多血”“如果被杀掉，他一定很不甘”。而这就能抑制你冲动的行为。获得同感的能力越强，就越能对被刺伤的痛苦感同身受，无论如何也下不去手。

另一方面，腹内侧前额叶皮层是通过良心发生作用的刹车装置，就算“一定要杀了你”这种情绪涌上心头，它也能发出“不能做这种事”这类信号来抑制这种情绪。

所以说，随着人的成长，掌控社会性的前额皮层与将恐惧和惩罚识别为痛苦的杏仁核之间就会形成联结。再举一个例子。不知道大家在小时候有没有过这种经历——自己在哭的时候，如果周围的大人说“太可怜了”，你就会认识到“我真是可怜”，然后哭得更惨。通过学习这种状况，意识到“我真可怜，这令我很不愉快”，下次遇到同样的状况时，就会立刻感到不愉快。

像这样，人的羞耻感和对犯罪的认识会越来越强，忌妒感也会得到强化。如果有人说：“他比你赚得多，这样好吗？”你就会通过后天的学习意识到“自己吃亏了”。对于引发你这种不愉快感和忌妒感的对象（比自己获益多的人），你的行动就会趋向消极化。

杏仁核的机能虽然是天生的，但在此基础之上，人能通过前额皮层的机能学习社会性的行为方式。

可是，变态人格者的情况是：

①杏仁核的活性较低；

②眶额皮层和腹内侧前额叶皮层的活性较低；

③杏仁核与眶额皮层和腹内侧前额叶皮层的联结较弱。

如果出现上述情况中的任何一个，或者多个叠加，他们就无法从恐惧和惩罚中习得社会性的行为方式，也无法记忆痛苦、罪恶感和羞耻感。

另一方面，与变态人格者相反，有的人的杏仁核与眶额皮层和腹内侧前额叶皮层的联结很强。这类人易患社交恐惧症（如对人恐惧症等）、恐怖症和抑郁症。

没有“良心”帮忙“踩刹车”

一般来讲，人从幼年期开始，如果偷了别人的东西，说了谎，把责任嫁祸给他人，或者伤害了别人，就会受到惩罚。通过这一过程，人会学习规避惩罚。通过学习何为“不能做的事情”，在成年之后，人就不会做这些事。这是因为，如果无法习得社会性的行为规范，人就会受到集体的排斥。

可是，有些人不但符合上述的三种情况之一，他们还不把惩罚当回事，这就是变态人格。

他们不会“因为惩罚而感到害怕”。他们即使能学会“胜出法则”，也无法学会“伦理道德”这一规范。

在正常人的思考中，即使有比较符合客观利益的选项，但如果这样的选项会触碰伦理道德的底线，他们就会有诸如“身为一个人不能这么做”“如果这么做了，总有一天会遭到报应”这样的想法，也就不会直接付诸行动。这是因为良心发挥了刹车的作用。

因为变态人格者没有这种装置，他们就会冷静地选择最符合客观利益但又可能触碰道德底线的方式。而这就被认为是“规则黑客”。

更令人感兴趣的是，他们好像会在某一刻意识到自己具有这种特征，也就是“自己无论怎么挣扎都和普通人不一样”。而他们为了掩饰这一点，为了装出理解普通人的样子，从某一侧面来说，他们说谎的能力也会提高。

罗伯特·海尔说过，“变态人格者也会提及良心的谴责和罪恶感”。可是这并不是因为他们感觉到了心痛，而是因为他们认为当自己受到他人的指责时，“表现出自己意识到了错误”是有效的处世哲学。

热衷于高风险、高回报

除上述内容以外，还有一个与眶额皮层机能障碍相关的例子十分引人入胜。

有一个叫作“爱荷华博弈任务”的常用的著名心理实验。在这一实验中，实验对象被要求参与一项游戏（赌博）。他们面前有一台电脑，电脑画面上有四副虚拟的纸牌，纸牌上写有数字，实验对象可以根据自己的喜好选择任意一副纸牌。

接下来，实验对象需要在数字被遮挡的情况下从所选的那副纸牌中选择一张纸牌，然后被试者就会获得或损失与纸牌数字相应的游戏货币。

这一实验的目的在于，通过反复抽取纸牌，尽可能多地获取货币。

实际上，四副纸牌中，有两副能一次性获得大量货币，但是也包含大于所得的损失。如果长期从这两副纸牌中抽取就会出现收支赤字（吃亏），这两副便是“不利纸牌”。剩下的两副是“有利纸牌”。虽然一次性获得的金额较小，但是亏损的概率也很低。按照游戏设置，如果长期从这两副纸牌中抽取纸牌就会出现收支黑字（获利）。

当然，实验对象在事前并不知道纸牌的相关信息。

通过这一实验，我们可以得知，一般人在经历了大的损失后，会产生消极情绪。如果继续选择“不利纸牌”（包含有巨大损失的纸牌），就会感到压力。因此大多数人在抽取了 40 到 50 次之后，就会持续选择“有利纸牌”。

可是，眶额皮层存在机能障碍的实验对象会一直选择“不利纸牌”。

因为他们不会因巨大损失产生压力。即使他们能注意到“巨大的回报”，大概也无法意识到“巨大的损失”。

由此可知，他们不会选择从长期来看能实现稳定收益的“有利纸牌”。他们进行高风险、高回报的选择，结局会招致巨大的损失。

威斯康星大学的心理学教授约瑟夫·纽曼曾提出这样一个假说：“变态人格者患有注意力缺陷、学习障碍和信息处理障碍。”他进行过一个实验，把他的实验同上述的实验结合起来看，就能更好地理解变态人格者对“回报和惩罚”的感觉。

他进行的实验以变态人格者为对象，实验的课题是：如果他们按照正确的线索做出反应，就能获得金钱回报；如果没能抑制对错误线索的反应，就会受到惩罚（损失金钱）。

纽曼等人的实验证实，变态人格者在强烈地意识到能获得报酬之后，无法抑制与惩罚相连的反应（习得无能）。将获得报酬这一意识修正到最小化后重新进行试验，习得无能这一障碍就消失了。

我们在第 1 章开头提及的杀人犯兰迪，他在遇到卧底侦查时想的不是“我再也不干了”，而是选择“我要想出一个不会被发现的方法”。这或许也是因为他大脑的注意力只集中于获得的快感，无法做出“如果被抓住就完蛋了”这样的判断。

腹内侧前额叶皮层（VMPFC）异常
——对惨不忍睹的画面无动于衷

在前额皮层这一部分中，有一个被叫作 VMPFC 或 VPFC（ventromedial prefrontal cortex，腹内侧前额叶皮层）的部分。众所周知，普通人和变态人格者在这一部分有很大的不同。而且，也有详细的研究显示，这一部分受损的人会出现何种反常行为。

假如，我们做一项实验，给实验对象看各种事故和四肢被截断的惨不忍睹的冲击性画面。普通人会感到恐惧，浑身冒冷汗，产生躯体上的变化（这种情况主要是皮肤导电率的变化）。可是对于 VMPFC 无法发挥正常机能的人来说，他们就不会产生躯体变化。因为大脑无法做出反应，也就不会出汗，皮肤导电率也不会发生变化。通过这些研究，我们可以发现 VMPFC 和社会性事件的情绪反应具有相关性。在部分变态人格者中，会出现许多 VMPFC 机能较弱的例子。

所以，即使根据社会行为规范苦口婆心地说“不可以做这种事”，变态人格者的内心也不会有所触动。就像是看到因意外四肢被截肢的人毫无反应一样，他们对自己将来受到社会的惩罚一事也感觉不到任何担忧和痛苦。这就是他们无法习得“回避痛苦”这一行为模式的原因。

海马体和后扣带回的机能障碍
——感情记忆缺陷

除去杏仁核和前额皮层以外，变态人格者的大脑还有如下特征。

比如在变态人格者的大脑的学习能力方面，有很多调查指出，海马体机能低下和变态人格的倾向较高之间具有关联性。

海马体是掌控情绪的大脑边缘系统的一部分（其位置在杏仁核附近）。海马体承担着学习、记忆、把握空间感的重要作用，与条件性恐惧也有关系。我们可以说，学习应该做什么不应该做什么的重要场所，就是海马体。

从之前的叙述中，我们可以明白变态人格者患有情绪障碍，无法感知恐惧。因此，对于“从变态人格者身上可以观察到其海马体机能低下”这一点，想必大家不会感到违和。海马体机能低下，就会导致对现状的错误判断，无法控制攻击性行为。

犯罪学学者兼神经科学学者的阿德里安·雷恩（宾夕法尼亚大学教授）从洛杉矶的临时工团体中挑选出具有反社会性倾向的91个人，对他们进行面试后，将具有反社会性倾向的人分为了两类。一类人参与过犯罪，但从未被逮捕。另一类人有过被逮捕的经历。雷恩教授通过fMRI对这两类人进行了比较。

结果是，在有过被捕经历的一类人中，发现了大脑海马体的异常，他们中有很多人海马体左右不对称（与左侧相比，右侧更大）。众所周知，如果海马体和前额皮层出现了异常，人就无法控制情绪，条件性恐惧反应会变得迟钝。或许正是因为这种左右不对称带来的影响，他们无法预测自己会被逮捕。而且这种海马体构造的非对称性，无法用出生后的环境的影响来解释——也就是说其成因指向遗传的可能性，以及在母体内受到的影响。

此外，在成年的变态人格者中，也能发现后扣带回的机能不全。后扣带回是储存悲伤、喜悦等已经历的情绪的场所，它也承担着回想情绪记忆的功能，还与回顾已发生的事进行反省这一自省能力相关。我们可以这样说，正是因为后扣带回无法正常工作，才会导致变态人格者具有缺乏自省、缺乏责任感的特征。

阿拉巴马大学的心理学家安德烈·格伦指出，变态人格者在做出道德上的决定时，其后扣带回、腹内侧前额叶皮层、角回（与语言处理及认知处理相关的部分）没有正常发挥作用。

胼胝体的形状也与一般人有很大差别

胼胝体是连接左右脑，传递信息的部位。众所周知，与普通人相比，变态人格者的胼胝体有着不同的特征。阿德里安·雷恩教授做了一项调查。其调查对象为一组患有反社会型人格障碍的男性变态人格者 15 人，对照组由 25 名地区志愿者（非变态人格）组成。

结果显示，与对照组中的普通人相比，反社会型变态人格者的胼胝体白质（将信息从一个神经元传递到另一个神经元的轴突大量聚集的部分）推测容积增加了 22.6%，胼胝体的长度增加了 6.9%，胼胝体的厚度减少了 15.3%。也就是说，两组对象的胼胝体的形状有很大不同。

由此可知，在变态人格者身上出现的情感障碍（缺乏恐惧与不安等）、人际交往中的异常举动、应对压力时的自律神经反应低下、空间认识能力低下等问题，都与胼胝体容积增加有明显的关系。

02 “成功”的变态人格者与“失败”的变态人格者

如前文所述，整体来看，变态人格者的大脑和普通人的大脑有很大的区别。需要提到的是，变态人格者也有分类。

在这一章，我想先介绍一下此前多次对比过的两组变态人格者的差别。一组是“不易被捕的变态人格者”（成功的变态人格者，变态人格者中的人生赢家）。另一组是“容易被捕的变态人格者”（无法成功的变态人格者，变态人格者中的丧家之犬）。

如同在第 1 章中提及的简那样，“容易被捕的变态人格者”十分危险。可是，像她一样的变态人格者会毫不犹豫地实施犯罪，正因如此，也很容易东窗事发（即容易被捕）。

反之，“不易被捕的变态人格者”并非身处监狱，而是分布在我们的身边。他们会巧妙地利用他人来生存，不会轻易地暴露本性。

“成功者”与“失败者”的区别在于前额皮层灰质体积的不同

那么，从脑科学的角度来看，“成功”的变态人格者和“失败”的变态人格者有什么区别呢？

德国亚琛工业大学的韦伯、哈珀尔、阿姆茨、施耐德四人于 2008 年在学术杂志《行为科学与法律》（*Behavior Science & the Law*）发表了论文《脑组织结构异常综述》（*Structural brain abnormalities in phychopaths-a review*）。该论文指出，“成功”的变态人格者和“失败”的变态人格者的背外侧前额皮层（DLPFC）的厚度很不相同。

DLPFC 的 DL 是 dorsolateral 的缩略写法，它指的是在大脑中这一部分所处的位置。dorso 表示“背部”，lateral 表示“横，侧面”。因此 dorsolateral 表示“背外侧”。PFC 是 prefrontal cortex 的缩略写法，指的是前额皮层。

背外侧前额皮层（DLPFC）承担着以下各项机能，“形成条件性恐惧”“进行行为抑制”“做出道德判断”“选择中长期回报”“对疼痛感产生共情”“自我反省”等。它是掌控行为的计划性、合理性和理论性的领域，同时也会进行判断，比如“如果现在做这件事，某件事就会功亏一篑，所以不能做这件事”。

我们也可以认为，它是与冷静的判断相关的部分，在进行数字记忆等实用性判断时也会被激活。此外，它还承担着客观认识自己，即“后设认知”这一机能。DLPFC 的发展水平也成了衡量认知水平高低的指标之一。

进行反社会行为的人，尤其是失败的变态人格者，从他们身上，我们可以观察到与 DLPFC 相关的执行功能障碍，表现为行为毫无计划、横冲直撞、无法排列事物的先后顺序的障碍。

此外，有研究指出，以明显的粗心、不容易冷静、难以平复冲动的情绪等为特征的ADHD（注意缺陷多动障碍），与上面提到的DLPFC机能不全也有一定关联。

与此相对，成功的变态人格者的前额皮层，特别是DLPFC比较发达。因此，他们不会一时冲动实施反社会行为。他们能认识到，“如果我现在杀了这个人，最终会给我带来损失”。所以就会想出类似于这样冷酷的计策，即“既不利用他，也不杀死他，而是剥削他”。

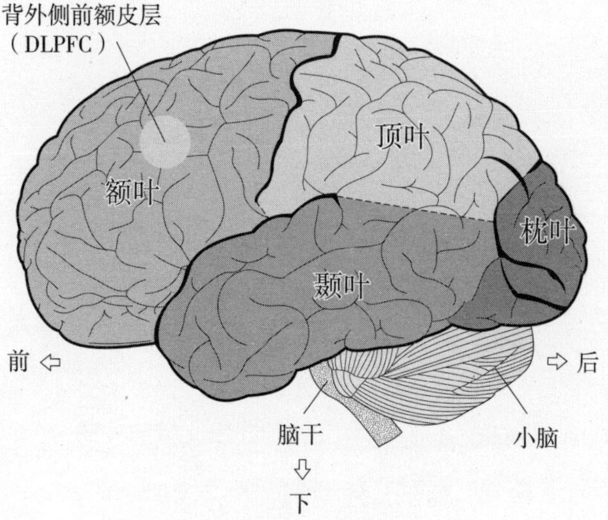

图3　大脑新皮质的表面

前额皮层被破坏的男人——菲尼斯·盖奇

与“成功”的变态人格者形成对照的是前额皮层机能尽失的人。

首先我想介绍一个每本神经系统教科书中都必不可少的例子，他就是美国的铁路工人菲尼斯·盖奇。

盖奇曾是一个责任感很强的勤奋的人。大家都很信赖他，也很喜欢他。但有一天，他不幸遭遇了一起事故，一根铁棍从他的眼睛贯穿了他的大脑。只是，他的左眼虽然失明了，但是他奇迹般地活了下来。

可是，事故之后，他的性格发生了 180 度的大转变。

他变得反复无常，口吐恶言时会感到快乐，不再尊重同事，如果有人说了他不喜欢听的话，他就会生气。前一天还无比顽固，第二天又变得优柔寡断。做了各种计划，却又接连爽约。盖奇后来被炒了鱿鱼，之后又换了很多工作。事故发生后，他变得没有责任感又容易冲动。据说他成了一个酒鬼，在性关系上也变得无所顾忌。

后来，盖奇拿着那根贯穿了他大脑的铁棍四处游走，他的身影也频繁出现在纽约巴纳姆博物馆等地开设的展览上。有段时间，他甚至在马戏团像猴子一样任人观赏。不知道他这么做只是想引人注目，还是因为除此之外他无法生存……不论哪种理由，性格发生改变都不是他自己的错，我们只能说这是个悲剧故事。在那之后，盖奇癫痫症发作，36 岁就英年早逝了。

由于前额皮层机能丧失，他慢慢变得无法正常融入社会，形成了反社会人格的特质。

与之相反，在第 1 章中我提到过连续杀人犯兰迪·克拉夫特，从他的身上并未看出前额皮层机能低下。制订周密的犯罪计划，犯罪失败或出现意料之外的状况时会考虑第二套方案，集中精力实施犯罪计划——如果没有前额皮层机能的帮助，就无法实施如此周密的犯罪。

与激情杀人犯和连续杀人犯这类“失败”的变态人格者相比，“成功”的变态人格者的前额皮层机能或是较为发达，或是前额皮层与杏仁核的联结机能较强。

识别“成功”的变态人格者的方法

20 世纪 80 年代，加拿大著名心理学家罗伯特·海尔公开了变态人格的诊断标准 PCL（Psychopathy

Checklist）。不久，PCL 的改良版 PCL-R（The Psychopathy Checklist-Revised）逐渐普及，现在许多机构都在使用 PCL-R 来辅助研究。

可是，长期以来，针对“成功”的非犯罪者的变态人格的研究非常艰难。这是因为变态人格这一概念是为了理解和说明犯罪行为而被创造出来的。因此，大部分的研究都在监狱或法医学研究室等地进行。在这些场所出现的变态人格者，是犯下罪行并且已经暴露的“失败”的变态人格者。我们不能抓住“成功”的变态人格者进行实验。

可能有人会说，如果 100 人之中就有 1 个变态人格者的话，那我们挨个儿调查不就行了吗？可是，为了找到 30 名被试者，我们就需要与 3000 人进行交谈。因为参与人员和时间有限，所以从现实角度来考虑这是不可行的。此外，交谈的标准因人而异，如果使用这种方法，就无法保证科学研究的可信度。

纽约城市大学约翰·杰伊刑事司法学院的心理学家凯西·维多姆于 1974 年到 1975 年在波士顿的反主流文化报纸上刊登了一则招募广告，“寻找充满冒险精神，无忧无虑，喜欢刺激而冲动的生活方式的人士”。她尝试通过这种方式招募在监狱和精神病院之外的变态人格者。据说有

73 人报名，有 30 人左右接受了检查和会面交谈。

据凯西叙述，在被认定为变态人格的人当中，有 74% 的人曾经被捕，50% 的人曾经入狱。而且有 61% 的人曾有长期在精神科就诊接受心理治疗、药物治疗或是入院治疗等经历，29% 的人曾经自杀未遂。好不容易想要在监狱和精神病院“以外”寻找变态人格者，没想到报名的大部分变态人格者都是“到过里面的人”或是“往返于此间的人”。也就是说他们找到的还是“失败”的变态人格者。

只是，凯西发现，与曾经入狱和入院的变态人格者相比，没有过这种经历的变态人格者不会表现出额叶机能的缺失。或许这能够说明，从这一刻开始，“成功”的变态人格者和“失败”的变态人格者的区别就已经显现出来了。

与之相比，阿德里安·雷恩教授将目标锁定在了频繁光顾临时工介绍所的人身上。这是由于他推测变态人格者追求刺激，或是在组织内部无法顺利工作，因此会不断寻找临时性的工作。

雷恩的调查显示，在临时工介绍所发现的被试者中，24.1% 的人被确诊为“反社会型人格障碍”。一般来说，男性反社会型人格障碍的比例占总人口的 3%，而在被试者当中，这一比例竟然高出 7 倍还多。雷恩运用 PCL-R

对被试者进行诊断之后，男性中得分超过 30 分（即变态人格倾向较高）的人占 13.5%，25 分以上的人占 30.3%。

也就是说，在临时工介绍所找到的患有反社会型人格障碍的人中有三分之一的人具有较高的变态人格倾向。在那之后，通过调查判决记录，雷恩选出了 16 名被判有罪的变态人格者和 13 名被判无罪的变态人格者，组成了一个 29 人的对照组，成功地进行了多项实验研究。

在实验过程中，雷恩很注重信息的保密性。他从美国卫生及公共服务部部长那里获得了信息保密认证，用来保护他从临时工介绍所的被试者那里获得的信息，这能使被试者不会被警察传唤，数据也不会被强制公开。

而且，实验在大学内部进行，经手的研究员都值得信赖，无须担心信息的外泄。这也是出于使被试者安心配合研究的考虑。这样做的结果是，变态人格者能放心地吐露犯下的诸项罪行。而且这个实验使用了电极等诸多实验器械，最终获得了宝贵的数据。

社会地位高的人中变态人格者很多

针对“成功”的变态人格者，我想进行更深的阐述。

2012年，美国和加拿大的研究团队以约1000人为研究对象进行了调查实验，调查显示，越是富有、高学历、社会地位高的人，越会做出不守规则、违反常理的举动。研究团队将这一结果发表在了美国国家科学院学报上。他们进行了一场掷骰子的游戏——说是游戏，实际上是假借游戏之名的实验。实验规则是根据所掷骰子的点数不同，获得的奖金也不同。实验结果显示，为了使自己获得更多的利益，越是社会地位高的人，申报的点数高于实际点数的可能性越高。

此外，德国亚琛工业大学的研究团队推测，以企业经营者为首，社会经济地位越高的人群中，变态人格者的比例越大。

说谎者的前额皮层灰质和白质

关于说谎者和前额皮层的关系，有一组很有趣的数据。

阿德里安·雷恩发现，在有过被捕经历的反社会型人格者中，负责判别善恶的前额皮层中的灰质只有正常人的四分之三。灰质是神经细胞（神经元）聚集的部分。

此外，在雷恩等人的一项研究中，他将研究对象分为如下三类，即“病态的说谎者”“一般人”“虽然患有反社会型人格障碍却不是病态的说谎者”。结果表明，“病态的说谎者”的前额皮层的白质（神经元的通路）比正常人多四分之一。

这表明，变态人格者前额皮层的灰质较少，白质较多。这很有可能是影响变态人格者行为方式的原因之一。

变态人格者与测谎仪的斗争

据说，法医学专家在审问杀人犯时使用的问卷对变态人格者毫无作用，因为他们会巧妙地编造谎言。或许有人会想，如果使用能识破谎言的器械，结果会怎样呢？

可是，从古至今，识破谎言的技术以及测谎仪（多导生理仪等），都不能百分之百地识别谎言。

比如，古希腊人以人体肌肉痉挛和脸红的程度为线索来识别谎言，从而创造了面相学。

中国古代有这样一种判断罪犯说没说谎的方法。据说他们让有嫌疑的人口嚼大米然后吐出，根据大米的干湿程度来判断。如果大米比较干，说明此人有罪。据说，还有一种与此相似的方法，就是让嫌疑人吞食馒头。这么做的理由是，如果一个人说了谎，他就会感到焦虑和不安，唾液的分泌就会减少。

生活在阿拉伯地区的贝都因人有这样的习惯，让犯人舔烧红的铁块，被烫伤的即是有罪的。这与上述方法的原理相同。

以精神分析理论而声名远扬的弗洛伊德曾说“指尖会暴露一个人的谎言”，他认为从指尖的动作可以看出一个人是否说了谎。可是，人们常常提起的“说谎的症候”，比如不敢直视对方，说话结巴，神色不安，用手摸脸，还有与这些同属一类的“通过指尖的动作分辨一个人是否说谎”，这些都没有科学依据。通过这些表现并不能识破谎言。

多导生理仪能通过电子或物理信号的方式测算呼吸、脉搏、血压等多种生理现象，近一个世纪以来，人们一直把它当作测谎仪来使用。它的原理是，人一旦说了谎，就会感觉到精神压力，进而血压升高，呼吸急促，大量出汗而导致皮肤导电率的变化。

可是，时至今日，人们发现多导生理仪是有缺陷的。即使接受审问的人说的是真话，也会因为说出的真相较为沉重而感到惶恐，产生动摇。也有一类人，他们被叫作“犯罪意识过剩者”，只是被怀疑都会刺激他们的自律神经。

反而，在多次实施犯罪的罪犯当中，有人会狠狠地咬住舌头说一些微不足道的谎，有人为了给脑增加负担会想别的事情来让身体做出生理反应，他们运用这些诡计来隐瞒与犯罪相关的实质性内容。

严格来说，多导生理仪是“紧张情绪检测器”而非“测谎仪”。据美国国家科学院推测，在使用多导生理仪进行测试时，它可以正确识别 75%~80% 的谎言，但是它将真话误判为谎言的概率也高达 65%。只是也有研究表明，变态人格者无法战胜多导生理仪。

有明尼苏达大学史塔克·R. 哈兹威杰出教授之称的心理学家克里斯托弗·J. 帕特里克在他编著的《变态人格手册》一书中，提到了如下的研究。该研究以罪犯为对象，并将对象分为变态人格者和非变态人格者两类。在研究中给研究对象加上不实的罪名，再利用多导生理仪对其进行比较研究。结果与预测相反，成功隐瞒多导生理仪的变态人格者少之又少。

那么，用更加先进的技术能否揭穿谎言呢？

印度已经将 MRI（磁共振成像）作为测谎仪使用，并且已有判决将其作为坐实犯罪的有力证据。这么做的理由是，大脑中有控制不安和冲动的区域，嫌疑人在接受审问时，如果那一部分被激活，就可以认为嫌疑人在说谎。

虽然他们宣称这种技术“可以揭穿 90% 以上的谎言”，但是只要有 10% 的谎言无法被揭穿，就会导致很严重的问题。印度的这一案例，震惊了整个神经科学界。

本身进入 MRI 装置这一狭窄的空间就会让人感到不安。即使不是因为审判，而是实验和体检，也有人会因为幽闭恐惧症无法进入。在法庭上使用 MRI 并不妥当。这是因为脑部功能图像还没有发展到可以坐实犯罪事实的地步。当然，它作为一种佐证或许有可取之处。通过调查可以发现“嫌疑人的大脑有某种特征”。只是，如果断言“因为他的大脑有这种特征，就一定犯罪了”，这就过于粗暴了。

本章描述了变态人格者的大脑特征。

下面我来重申一遍结论。

大脑前额皮层中，如果眶额皮层和腹内侧前额叶皮层机能低下，做出反社会行为的危险性就会升高。而且变态人格者的杏仁核与眶额皮层及腹内侧前额叶皮层的联结较弱。

简单来讲，杏仁核的异常与“感情缺失”相关，前额皮层异常或者联结较弱与“认知”，即学习与自我反省、控制情绪的机能相关。

此外，从以变态人格者为研究对象的脑机能图像的研究中可以发现如下特征：

①胼胝体扩大；

②海马体后部体积减小；

③海马体前部不对称（与左侧相比，右侧明显更大）；

④前额皮层灰质容积减小。

在这些特征中，③和④只表现在“失败的”（丧家之犬）变态人格者的大脑中，在“成功的”（人生赢家）变态人格者的大脑中未被发现。

下一章，我会在回溯变态人格研究史的过程中，探索变态人格的病因。“是遗传？还是环境？”

第 3 章

变态人格是如何被发现的？

前几章，我们讨论了变态人格者的内、外部特征和从脑科学角度观察到的变态人格者独有的大脑构造。

那么，是怎样的契机才会让人拥有变态人格倾向较高的大脑呢？是先天（遗传）获得，还是后天因素（成长环境等）导致的呢？

因为这一疑问包含着伦理问题，所以不能简单地展开研究，想要找出答案也需要十分慎重。可是，科学家们做了各种各样的验证，想要为这个疑问找出答案。

本章将会在回溯变态人格历史的过程中，介绍最新的研究成果。

存在已久的变态人格

“变态人格”一词不是最近突然出现的。

以前虽然没有“变态人格”这一名词，但是很久之前就有与这一名词的描述相符的人。

哈佛大学人类学家吉恩·墨菲指出，在阿拉斯加西北部一个叫作尤皮克（即因纽特人）的少数民族中，从很久之前就有一个词“kunlangeta”，用来形容有着变态人格的这一类人。

这个词的意思是“即便知道应该做什么，也不去做”“总是说谎、骗人、偷东西的男人”。

据说每 5000 人中就有一个 kunlangeta。这种人不去打猎，当其他男人离开村子以后，他们就强行和女性发生关系。即使被责骂，他们也毫不在意。他们时不时会被带到村子里的长者面前接受处罚。

可是，kunlangeta 从未改正过自己的行为。如果你要问 kunlangeta 的下场是什么，据说他们会被村子里的人踢到冰海里杀死。

墨菲还介绍说，在非洲（现尼日利亚地区）居住的约鲁巴人中，有一个词“arankan”，也被用来形容像变态人格者一样的人。arankan 指的是从不考虑他人、任意妄为、充满恶意、不合作的固执的人。

在其所属的集体中，kunlangeta 和 arankan 都被当作“先天性的，无法变好的”人。他们被认为是生来性格独特，无法适应社会生活。

如果像这样持续给集体制造麻烦，犯罪也不反省的人达到了一定数量，集体的秩序就无法维持，只有在没人的时候杀掉他们，或者把他们丢进监狱。各个集体采用的方法虽然不同，但是自古以来失败的变态人格者就是这样被排除到集体之外的。

革命家之中的“成功”的变态人格者

在历史长河中，也有一些未被排除反而成功登上高位的“成功”的变态人格者。

这归根到底只是我的一家之言，不存在脑机能图像和DNA 数据等证据。我认为，在日本人中，织田信长就是一个典型例证。他自始至终都是秩序的破坏者，对神佛毫无敬畏之心（虽然“信仰较弱”这一点与第 1 章中介绍过的乔纳森・海特的研究相矛盾），但是他以极高的人格魅力俘获了大批武将。

俄国的彼得大帝也被怀疑是变态人格者。彼得大帝是一个容貌俊秀的美男子。年轻时他为了学习造船技术，假扮成一名技工去了荷兰（这令人想起诈骗犯克里斯托夫・罗康库），他一边打工，一边学习知识，然后把学到的知识带回了俄国。他在荷兰还学了牙科知识。他最大的乐趣就是拔掉别人的龋齿。他看到大臣的龋齿就想把它们拔掉，大臣们吓得四处逃窜。这一故事让人想起以给病人注射药剂为乐的简·托潘（请参考第1章）。

临床心理学家斯科特·利林菲尔德（美国埃默里大学心理学教授）、法律心理学家史蒂芬·卢本瑟、心理学家托马斯·法新贝尔等人分析指出，以约翰·F. 肯尼迪和比尔·克林顿为首的连续几任美国总统都有显著的变态人格的特点。

令人意外的是，神经科学家詹姆斯·法隆（加利福尼亚大学欧文校区）指出，活跃于20世纪的特蕾莎修女或许也是变态人格者。这是因为，有许多报道显示，特蕾莎修女对她救助的孩子和她家周边的孩子很冷淡。英国作家克里斯托弗·希钦斯在其著作《传教士的立场》（*Missionary Position*）中指责特蕾莎修女对待她所救助的孩子们不够关心，过于残酷。所谓博爱主义者，或许就是无法对特定的少部分人产生很深的感情的变态人格者。

不在乎风险，发誓要成就一番事业的气度，拥有身为政治家俘获大众的才能——变态人格的这种特质，走错一步就会招致独裁与肃清，但是在一定的时间和场合下，也并非都是坏事。

古希腊时代的变态人格

从医学上来说，变态人格这一概念是何时出现的呢？

在古希腊，还没有变态人格这一概念。但是，可以见到关于这一概念的具体描述。

根据历史学家狄奥多罗斯的记述，一个名叫佩里洛斯的男人发明了一种叫作“法拉里斯的公牛”的刑具，它被称为世上最残忍的刑具之一。它由导热性极强的黄铜制成，铸造成公牛的形状，内部中空，从公牛身体一侧的门可以将人放入公牛体内。它的工作机制是，只要在黄铜铸的公牛身下点火，公牛体内的人就会在长时间的高温炙烤下死去。

当然，这期间公牛体内的人会因为难以忍受痛苦而发出惨叫。如果是拥有正常感情的设计师，他应该会设计让外面的人无法听到这种惨叫。因为他会考虑尽量不让施刑人感受到公牛体内的人的痛苦。

可是“法拉里斯的公牛”的设计并非如此。这个黄铜铸的公牛的鼻子采用了特殊的构造，像笛子一样。公牛体内的人发出的痛不欲生的惨叫，传到外面的人的耳中就如同牛低沉的鸣叫。这种设计叫人一边想象着受刑人正在遭受的痛苦，一边以此为乐。身为设计者的佩里洛斯身上的变态人格特征由此可见一斑。

而且，“法拉里斯的公牛”的第一个受刑人，不是别人，正是佩里洛斯自己。或许他身为变态人格者的身份被识破，遭到了报应吧。又或者是，接受“法拉里斯的公牛”这一敬献的人，是一个变态人格倾向远高于佩里洛斯的人呢？不论是哪一种理由，这都是一个悲惨的故事。

“毫无谵妄的疯狂”

进入 19 世纪，英国精神科医生詹姆斯·考尔斯·普列哈特和同为精神科医生的亨利·莫塞莱等人展开了对精神疾病的系统性的整理工作。普列哈特将反社会的无法与他人取得同感的人定义为“背德症”。

此后，1891 年，德国的一名精神科医生尤里乌斯·L. A. 科赫将缺乏良心的反社会人格命名为“变态人格障碍”(psychopathische Minderwertigkeiten)。科赫下的定义与现在所指的反社会人格障碍基本相同。他的定义可以说是在历史上第一次发现了“变态人格”。

从那之后，世界各地的精神病学学者针对变态人格展开了研究。其中，因日本公务员考试中职业适应性测验“内田－克雷佩林心理测验”而广为人知的埃米尔·克雷佩林也是其中的一人。

克雷佩林生于 1856 年，他是德国的一名精神病学家、精神科医生。在就任海德堡大学精神病学教授后，他将患者的病例和出院时的情况写在小卡片上，并依据卡片对精神疾病进行了分类。此外，他还在这一分类的基础上撰写了教科书。其于 1898 年出版的第 6 版教科书对当今精神病学界的世界标准（DSM）也产生了深远的影响。

克雷佩林创造了“幻想说谎症”这一分类。比起现实幻想说谎症患者，会优先考虑自己的幻想。或者，为了实现自己的幻想，他们会惹是生非。这与变态人格的一部分相重合。

据罗伯特·海尔所说，第一个以变态人格为主题进行记述的人是法国的一位精神病医生菲利普·皮内尔。他活跃于 18 世纪末至 19 世纪初期。

皮内尔在巴黎时，将变态人格者的脚镣解开，用人道主义的态度对待他们。这一举动，在当时可谓是划时代性的，他也因此而知名。

皮内尔曾目睹一个男人十分冷静、一脸镇定地踢死了一只小狗。那个男人对此没有一点后悔之意，在其他方面看起来也很正常。

为了解释这种缺乏良心谴责和毫无自制力的行为模式，他在 1801 年使用了“毫无谵妄的疯狂”一词。谵妄（delirium）是指，意识混乱，产生幻觉与错觉的状态。也就是说，他注意到了有一类人虽然意识清晰，可以理性思考，但是他们拥有异常的感情。

19 世纪前半叶，美国的一位医生本杰明·拉什也提出了和皮内尔相同的观点。他指出，有一类人天生就存在伦理观念异常这一缺陷。

“正常的假面”

美国的精神科医生哈维·克莱克利（佐治亚医学院精神科教授），在 1941 年出版发行了《正常的假面》（*The Mask of Sanity*）第一版。这本书被认为第一次向普通人介绍了变态人格的详细情况，并因此而广为人知。

《正常的假面》阐述了克莱克利的这样一种想法：变态

人格者表面上没有任何精神疾病病态的症状，但是他们内心深处有着这样一种精神障碍，就是无法用语言表达自己的感情。

他在书的序中这样写道：“这本书要讨论的内容，虽然广为人知，但是一直被社会所搁置。”

克莱克利于 20 世纪 30 年代末期在精神病院工作过。当时，无论是罪犯，还是普通患者，只要出现一点精神疾病的症状，都会被送入精神病院。

有机会观察患者的克莱克利注意到，有一些患者十分独特。从他们身上看不到妄想、思想混乱、思虑过度和神经质等症状。大多数情况下，他们看起来像正常人。可是当持续观察一段时间之后，就会发现他们虽然看起来具备理性，但是他们从未理解过别人的心情，也没有考虑过别人的感受。即使伤害了别人，他们也不会后悔和反思。他们也不会从已有经验中学习理解别人的心情。而且，他们看上去没有人生目标和计划。即使在小事上也会撒谎，在被揭穿之前他们都像是老实人……这就是他们的特点。而且，他们会对其他患者、患者家属，甚至医院的员工施展魅力，来支使他们，利用他们。这正是现在所说的变态人格。

克莱克利并非单单强调了变态人格者消极的一面，他也平等地记述了变态人格者天才性的一面。他们精明周到，大脑运转速度快，说话方式很吸引人。

此外，他注意到，变态人格者与常人的说话方式不同。句子的结构，词汇的选择，说话的速度、节奏不同——后来的研究者根据这一点进行了实验研究。他们用 r-a-p-e（强奸）这一单词测试变态人格者是否会对此产生情绪反应（实验结果请参照第 1 章）。

克莱克利列举了 16 项变态人格的诊断标准。这些标准包括：表面上充满魅力，缺乏不安，缺乏罪恶感，无法信赖，不诚实，以自我为中心，无法持续保持亲密关系，无法从过错中反省和学习，情绪单调，无法预见自己的行为给他人带来的影响，无法制订计划等。只是，克莱克利并未在实际的诊断中使用这些诊断标准，他也没有对这些标准进行统计学的验证。这些标准归根到底只是他经验的总结。

克莱克利在《正常的假面》一书中论证说，变态人格者即使接受治疗也没有疗效，他们缺乏有效治疗所需的人与人之间的情感联结。正如他所言，1990 年以前，没有证据可以证明对成年的变态人格者实施治疗的有效性。

《正常的假面》出版之后，1957 年，行为遗传学家大卫·莱金肯（美国明尼苏达大学精神病学教授），进行了“条件性厌恶实验”。从这一实验中，他发现与普通人相比，变态人格者的恐惧感明显低下。此后，在 1970 年，英国心理学家杰弗里·格雷（牛津大学终身教授）提出了一个假说，即变态人格者具有缺乏恐惧和不安这一特征。

格雷指出，变态人格者不惧惩罚追求利益的行为和他们持续的反社会行为都是他们缺乏对惩罚的感知的表现。此外，格雷认为变态人格者抑制自己行为的大脑机制较弱，所以与他人相比，他们更不容易感觉到不安。格雷的这一理论，经过多项实验得以确认。

进入 20 世纪后半叶，通过丰富的临床记录，变态人格者的解读框架也越来越完善。在人际关系方面，他们表现得“充满支配欲和强制性”“傲慢而狡诈”；在情感表现上，他们“缺乏合理的情绪表达”“情绪表达单调，反复无常”；在行为模式上，他们是“冲动的”“缺乏计划性的”等。

变态人格这一概念走出精神医学界而为众人所知，大概要归功于犯罪学家罗伯特·海尔做的一系列的工作。他在 1970 年出版了《精神病的理论和研究》（*Psychopathy:Theory and Research*）一书。此后他也作为这一领域的第一人持续对心理异常的杀人犯进行分析，制成了 PCL（Psychopathy Checklist）及改版后的 PCL-R，为变态人格的诊断制定了标准。

在海尔进行了一系列工作之后，脑科学及神经科学也发展起来。如本书第 2 章中所述，变态人格者大脑的诸项特征也被发现了。现在，以脑科学这一客观证据为基础，在某种程度上，我们能够解释“变态人格者是这样的一类人”。

精神分析失信和脑科学兴起

不只是局限于变态人格研究这一个方面，以前许多通过心理学研究来描述的问题，现在进入了精神病学的范畴。最近 10 年来，随着脑科学突飞猛进的发展，许多事情都得以阐明。脑科学阐明了许多事物。比如弗洛伊德的理论，仔细读来缺乏科学依据，但是又很难举出反例。因此，现在有人将弗洛伊德的学说戏称为荒谬的科学。

精神分析在解释疾病原因的研究方面可谓良莠不齐。在古典精神病学精神分析的研究领域中，原封不动地接受研究创始人的理论或者学会权威的发言才是正确的。

只是，与患者构建信赖关系，使患者获得满足这一类观点是源于精神分析常用的“倾听”等手法。正因为从经验上来看，它们的效果很好，所以才会被应用于其他领域。

此外，在引导患者治疗自己的这一技巧，在临床上对患者的关怀等方面，可以说与脑科学相比，古典精神病学略胜一筹。只是我们应该注意，与脑科学不同，它的研究方法并非都是自然科学所要求的“提出假设，积累事实，进行验证”。

与之前心理学家讨论的“存在某种现象”相对，自进入 21 世纪以来，脑科学可以通过画像诊断得出明确的结论，比如“某一部分是这个样子”“某种物质代谢异常”“受体呈现这种状态”“联结呈现这种状态”。这不只是局限于变态人格的研究，在对其他精神疾病的研究上也是如此。

在此之前，有诸多精神疾病容易被混淆和误解，现在则可以对它们进行具体而科学的表述。而且，在人们公认的文学及思想领域，脑科学也开始有所作为。曾经遭到否定的 19 世纪的理论也得以被重新审视。

神经伦理学与神经犯罪学的登场和龙布罗梭再考察

以前我投稿过一篇关于变态人格良心与道德观的心理学论文，这篇论文最终没能通过审查，也没有发表。我被拒绝的理由是“这是哲学问题，不是我们这一领域要探讨的问题”。然而，这都是很久之前的事情了。

神经伦理学这一研究领域于 2000 年在欧洲兴起。2000 年年末，它在日本也开始成为热门话题。

神经伦理学主张在心理研究上也需要器质性的（从大脑的物理层面、形态层面来讲），或者物质性的表述。心理状态能否用大脑的变化来表述这一问题被称作“心脑问题”。不只是在神经伦理学这一领域，连哲学家们也参与到这一问题的讨论中来。

可是如果我们不事先假定“可以表述”，就无法开展脑科学研究。我认为开展研究的前提是在理论上承认表述可能。可是某些哲学家对此表示否认和抗拒，他们认为“心理变化，并非都是以物质变化为前提的”。

而还有一门学科受到的反对大概会高于神经伦理学。

那就是神经犯罪学。

这一学科的提倡者是阿德里安·雷恩，他高度评价了臭名昭著的“犯罪人类学”之父切萨雷·龙布罗梭。

龙布罗梭于 1835 年出生于意大利，他是一位精神分析医生，利用颅相学和遗传学学说，对犯罪者展开了长年的分析。

颅相学认为，恶劣的行为源于恶劣的性格，恶劣的性格源于脑组织的缺陷，而大脑的异常源于头盖骨性状异常。颅相学之父弗朗兹·约瑟夫·加尔发现了几个大脑部位与犯罪行为的相关性。如果这些部位变得肥大或萎缩，就可能导致犯罪（虽然这些理论之后基本都被否定了）。从 19 世纪初到 19 世纪中叶，在欧美国家，颅相学对刑法产生了一些影响，颅相学家频繁地登上了证人席。

当颅相学对司法的影响开始减弱的时候，是龙布罗梭提出，恶性犯不是出于自己的意志，而是“受某些因素影响而犯罪”。

他对连续强奸杀人犯进行尸检解剖，发现其头盖骨内侧本应是小脑的部分存在异常的缺损。

龙布罗梭记录到，这一缺损与“以下等类人猿和小鼠为首的啮齿类、鸟类”的大脑形态相似。

除此之外，他还从“生物学角度”对许多罪犯展开了调查。

龙布罗梭主张“罪犯有独特的相貌”。他指出了罪犯具有的 18 项身体特征，比如“深眼窝”“高颧骨”“尖耳朵”，还有大脑形状异常等。他还列举了“疼痛感迟钝”“自我表现欲强”等精神特征。他认为罪犯所表现出的原始人的遗传特征以隔代遗传的方式表现出来，也就是说他们返祖到了野蛮且智力低下的类人猿。基于这一点，他主张教育不可能让这种天生的罪犯重返社会，他们有必要被永远隔离起来，应该把他们和生物学上较为进化的其他罪犯区别对待。龙布罗梭是立场坚定的“遗传派”。

可是到了 20 世纪，龙布罗梭的学说几乎被全盘否定了。他的实验方法存在问题。人们发现犯罪者既没有尖尖的耳朵，头盖骨形状也和其他人没有太大差别。而且，他的理论遭到批判的重要原因是，他的理论和纳粹进行大屠杀的“理论依据”相似度很高。墨索里尼还将他的理论用在了种族歧视政策上。

19 世纪，龙布罗梭的理论模型产生了很大的影响力，但是进入 20 世纪，这一理论模型就被精神分析和社会学理论中的“经常性的犯罪行为是由心理、经济水平、政治因素导致的”这一理论主张所取代了。出于对龙布罗梭理论的反对和反思，在犯罪心理学上，甚至对犯罪行为进行生物学研究本身都有成为禁忌的倾向。

受 1967 年夏天发生的底特律骚乱的影响，神经外科医生弗农 ·H. 马克和威廉 ·H. 斯威特与精神科医生弗兰克 ·R. 埃文在美国精神医学导报上联合发表了一篇题为《从骚乱及城市暴力来看大脑疾病的作用》的论文。而且马克和埃文在他们的著作《暴力和大脑》(*Violence and the Brain*) 一书中提出了“暴力与大脑功能不全相关”的主张。可是，他们的观点遭到了强烈的反对。而且为了治疗暴力倾向，他们主张给大脑边缘系统的一小部分插入电极进行治疗。可是这一主张也遭到了强烈的反对，研究者认为这是“破坏个体同一性”“是非人道的治疗”。美国国立卫生研究院院长也在 1973 年的国会听证会上对这一疗法做出了否定证词。

只是，正如我在第 1 章中介绍的脸型和心率与反社会行为相关的研究成果所示，时至今日，我们仍然不能断言龙布罗梭的分析方法是不是真的毫无意义。

龙布罗梭指出“罪犯缺乏痛感”“他们难以感受到肉体和精神的疼痛”。从我们这些对变态人格十分了解的研究者的角度来看，甚至可以说这一理论是一针见血的。

特别是关于“罪犯有其生物学因素”“他们受遗传影响”这一学说，虽然因为其非人道性，研究者们曾对它不屑一顾，但是今年有学者开始认为它们也有值得考虑的价值。

反社会行为能遗传吗？

在罪犯当中，有许多人的原生家庭环境并无问题，也没有经济上的烦恼，很难认为他们是“受环境影响形成了反社会倾向”。

而且，被诊断为变态人格的人从小时候就表现出了独特的性格。有许多例证表明，他们从小就爱说谎，很叛逆，偷东西、打架屡教不改，杀死小动物，即使进行惩罚，他们也不知悔改。

即使有这些例子，我们也无法断言“变态人格是遗传所致”。然而，我们也无法完全断定“变态人格丝毫不受遗传因素的影响”。

20 世纪后半期，一个令人感兴趣的罪犯杰弗里·兰德里根在美国成了话题人物。他生于 1962 年，从年龄上来看，是我们这个时代的人。

童年时他被别人收养，生活比较富裕。然而他从小时候起就总是发脾气，无法克制自己的情绪。10 岁就沉迷于酒精，11 岁就因抢劫金库被捕。在那之后，他不怎么去上学，沉迷毒品，还杀了人。判决下达之后，他从监狱逃走，后又因杀人被逮捕了。

兰德里根作为死刑犯在亚利桑那州服刑期间，听说了一件很神奇的事情。

他的一个狱友对他说：“我见过一个和你很像的家伙。”

“和你很像的家伙”究竟是谁呢？

这个男人也曾被收监于亚利桑那州的这个监狱——这个“和你很像的家伙”就是兰德里根的父亲。大概不论是外形还是行为举止，他们都很相似吧。

兰德里根从未见过他的父亲，也没有与他一起生活过。然而，他们父子两个都因犯罪被关入了监狱。他的父亲也是个沉溺毒品的惯犯，也有过逃狱的经历。

而且令人感到毛骨悚然的是，兰德里根的祖父也是一名罪犯，他因抢劫入狱后，在自己儿子（兰德里根的父亲）的面前被枪决了。

阿德里安·雷恩以双胞胎为对象进行了研究，结果显示，儿童的反社会行为中，有 40% 到 50% 可以由遗传因素来解释。

而且他记录到，在研究儿童的行为模式时，他将父母、老师、儿童本人的信息进行平均后抽取的结果显示，环境因素只占不到4%，而剩余的96%都是遗传所致。

雷恩的同事沙诺夫·梅德尼克对丹麦的养子犯罪进行了调查。他的调查表明，生父母是罪犯的养子的犯罪率高于生父母不是罪犯的养子。

而且，生父母的犯罪率与养子被判有罪的概率基本成同一比例。从这一结果来看，我们必须说，比起成长环境，遗传因素对犯罪倾向高的人格的形成影响更大。

而且，英国伦敦大学学院发展精神病理学教授埃西·维丁格做了与双胞胎童年成长相关的研究。他的研究显著表明变态人格的双胞胎的反社会行为受到遗传因素的极大影响，主要原因中遗传因素的影响高达81%，环境因素的影响不到19%。

与这一研究相对，在反社会倾向比较轻微的双胞胎中，遗传因素的影响占到30%，环境因素的影响占到70%。

神经递质分解缓慢

首先，我想介绍一下“MAOA”基因。它虽然不是诱发变态人格的基因，但是它与犯罪紧密相关。它曾在小说《白金数据》（东野圭吾著）中作为道具出现，所以我想或许有些读者已经对它有所了解了。

MAO（monoamine oxidases）指的是“单胺氧化酶”，MAOA 指的是单胺氧化酶的 A 类。单胺类神经递质指的是多巴胺、去甲肾上腺素、肾上腺素、5- 羟色胺、组织胺等在大脑内存在的神经递质的总称。

MAOA 是一种负责分解去甲肾上腺素和多巴胺，调节神经递质平衡的基因。

在神经递质中，去甲肾上腺素、5- 羟色胺、多巴胺与留意和抑制冲动等认知机能相关，而且研究表明它们与精神疾病有密切的联系。

比如，抑郁症患者的大脑中多巴胺的神经传导机能低下，这被称为“5- 羟色胺假说”（单胺假说）。在动物实验中，如果破坏脊椎动物脑干上的一个神经核“中缝核”的 5- 羟色胺神经，动物的攻击性就会变强。

只是，在人类身上进行同样的实验存在伦理上的问题，难以实现。所以“5- 羟色胺假说”只能止步于“或许是这样”这一间接论据的地步。

这种酶的分解程度受遗传因素影响，存在个体差异。因此，它导致了大脑具有独特的性质。

我们当中 70% 的人都拥有 MAOA 活性较高的基因，剩下的 30% 的人就拥有 MAOA 活性较低的基因。

MAOA 活性较低的人，其大脑内的 5- 羟色胺和多巴胺容易以未分解的状态残留。

于是，因为 5- 羟色胺和多巴胺的残留，导致它们持续发挥作用，人就会变得焦躁不安，攻击性强。调查显示，这种酶的分解程度较低的女性，她们的大脑天生就容易感到幸福，幸福感更强。其中，这种酶的分解程度尤其低下的人，她们在幸福感强的同时，也容易做出卖淫等反社会行为。

幸福感强的人容易做出反社会活动，这种说法或许看起来很矛盾。但是，单胺氧化酶的分解程度较低也就意味着发挥作用的 5- 羟色胺的量很多。5- 羟色胺的量较大，人就会感觉到安心和安稳。换句话说，就不容易感觉到不安。人会产生不安正是因为人拥有推测未来的能力和思考未来的能力。从另一个角度来说，5- 羟色胺的含量较高，人就不会考虑未来要怎样，用浮躁的心情追求短暂的快乐，因此也容易做出反社会行为。

而在男性中，单胺氧化酶分解程度较低的人更容易表现出攻击性，做出反社会行为的概率也会上升。

2002 年，伦敦国王学院的以色列籍心理学家阿弗沙罗姆·卡斯匹和泰瑞·莫菲特发表了一篇研究论文。他们对比了 MAOA 类别不同的情况下，被虐待的孩子成年后是否会出现反社会行为。

他们的研究显示，MAOA 基因活性较高的那一类人，即使在小时候遭受虐待，出现反社会行为的概率也比较低。

可是，MAOA 基因活性较低的一类人里，遭受残忍虐待的孩子中竟有 85% 的人出现了反社会行为。

只是，即使是在 MAOA 基因活性较低的人中，基因影响得到发挥的也只是局限于成长环境恶劣的人。在成长环境正常的情况下，未发现和 MAOA 基因活性较高的人的区别。也就是说，MAOA 基因活性较低的人如果在小时候遭受了虐待，就容易做出反社会行为。

研究数据还显示，在研究对象中，有受虐经历和

MAOA 基因活性较低这两个条件的，只占研究对象的12%。然而，他们的犯罪率占到了总体的44%。

合并 ADHD 的变态人格

荷兰的遗传学学者汉·布伦纳等人发现，MAOA 活性较低与 IQ 低下相关。IQ 低下被人们视作犯罪和暴力的原因之一。布伦纳等人发现了荷兰的一个家族，这一家族拥有一种代代相传的降低 MAOA 活性的突变基因，家族中的男性有诸如纵火、露阴癖、强奸未遂等明显的反社会行为。

据说，患有 ADHD（注意缺陷多动障碍）的人，MAOA 活性较低。虽然 ADHD 的症状表现因人而异，但是 ADHD 患者都具有典型的注意力缺陷、无法冷静、无法抑制冲动等特征。

上文中提到的以色列籍心理学家卡斯匹和莫菲特也在研究中指出，与其他儿童相比，MAOA 活性较低的儿童更易患有 ADHD 和出现反社会行为等其他精神问题。

变态人格常常被提起的特征之一是冲动而没有计划性。这一点的提出大概是为了与 ADHD 合并治疗。变态人格在很大概率上与ADHD相关。

一项研究表明，MAOA活性较低的人，杏仁核和扣带回的联结较弱。这一结果也就是在暗示，MAOA活性较低的人是很难感到不安的人。

只是，MAOA的活性低下程度与变态人格自身的相关性至今还没有得到充分的研究。2011年，罗伯特·海尔使用为了诊断变态人格而研发的PCL-R量表对MAOA活性较低的人和MAOA活性较高的人进行测评，两组数据之间没有特殊的差别，实验结果显示无法证实两者的相关性。

变态人格与精神疾病的并发症

此外，除了ADHD以外，变态人格与一部分精神疾病的并发症也已被阐明。我在这里稍作介绍。

关于变态人格和精神分裂症的并发症，至今基本没有得到证实。学界一贯的看法是，精神分裂症与背外侧前额皮层功能障碍相关，然而变态人格的发病与这一部分没有关系，虽然这一部分功能可以将变态人格者分为“成功者”和“失败者”。

至于不安和情感障碍（PTSD及抑郁症等）与变态人格的关系，二者呈反向相关。因为变态人格者难以感到不安，所以这一点比较显而易见。

而自闭症，与变态人格一样，都是社会性认知（与外界沟通时必须具备的相貌，表情，目光的认识，同感等）障碍，而且学界一直认为它们都与杏仁核的机能障碍相关。只是变态人格者脑内可以看到杏仁核体积缩小。相反，自闭症患者脑内可以看到杏仁核体积增加。因为自闭症的症状是不安的增加，这两种疾病也是完全相对的。所以应该不会出现并发症。

很明显，药物及酒精滥用障碍（依存）较容易产生并发症。

大量释放多巴胺的基因

我想再提一个与MAOA相关的，多巴胺的话题。

多巴胺是“干劲儿”的来源。

多巴胺俗称“快乐分子”，它可以通过吃巧克力、做爱等多种方式被分泌出来，给人类带来快乐。它可以通过快乐这一报酬控制人类各方面的行为。

多巴胺能正向评价对机体有利的行为，同时承担着促使大脑记忆与学习的机能。大脑内多巴胺的量增多，人就容易沉迷于某件事物。初坠爱河时的心情高涨，工作大获成功时的喜悦，都是由多巴胺导致的。只要人体持续分泌多巴胺，人就会一直处于兴奋状态。

对于人的大脑来说，多巴胺的基本机能是“报酬”。

可是另一方面，它也有一些不那么好的机能。

1954 年，加拿大麦吉尔大学的詹姆斯·奥尔兹和皮特·米尔纳进行了一项实验，引起了巨大的反响。他们在小鼠大脑的伏隔核上插上电极，小鼠按下操纵杆，就会受到电流刺激。小鼠因为极度的快感，连进食都忘了，持续按操纵杆。小鼠持续按操纵杆是为了让大脑释放多巴胺。通过这一实验，我们可以得知药物依赖、酒精依赖也与多巴胺相关。

范德比特大学的约书亚·巴克霍兹在 2010 年指出，变态人格的特征与多巴胺的大量分泌相关。

瑞典哥德堡大学神经医学研究所的研究团队于 2003 年发表了一篇论文。论文中记述了他们以暴力犯罪者为对象的研究。该项研究表明 PCL-R 的得分和脑脊液中高香草酸（HVA）含量高有相关性。高香草酸是多巴胺的最终代谢物（简单来讲，就是分解后随尿液等排出体外的物质）。

我们可以这样来考虑，多巴胺含量越高，人追求回报的欲望就越大。正因为存在控制这一性状的基因，变态人格者才会追求刺激，如同上瘾一般接连犯下杀人的罪行。

随着环境改变的变态人格

上文中，我们已经介绍了许多实验结果，可以说明遗传因素会影响变态人格和反社会行为。

那么，反社会行为都是由遗传因素导致的吗？

许多研究表明，虽然遗传因素的影响很大，但是实际上我们也不能忽视环境因素带来的影响。

有一些研究是探讨反社会行为与家庭环境和教育环境的关系的。

比如，美国的经济学家詹姆斯·J. 赫克曼在《幼儿教育经济学》一书中，分析了“佩里学前计划”和“初学者计划”两项研究。

佩里学前计划是 1962 年到 1967 年，在密歇根州伊普西兰蒂市实施的，以 58 个非裔低收入家庭的孩子为对象的持续长达 30 周的研究项目。

这一项目要求参与的学龄前儿童每天上午在教室接受两个半小时的授课，并且每周会有教师对每个家庭进行 90 分钟的家访和指导。

指导内容根据孩子的年龄和能力做了相应调整。指导以培养非知识性的技能（身心健康，耐力，干劲，自信，协作性等社会性、情绪性技能）为重点，以重视孩子自主性的活动为中心。

此外，在学前教育结束后，研究团队对接受了学前教育的孩子和作为对照组的未接受学前教育的孩子进行了追踪调查，直至他们 40 岁。

初学者计划是以出生于 1972 年到 1977 年的 111 名生于高风险系数家庭的不幸儿童为对象进行的。这一计划每天持续实施，直到儿童长到 8 岁。

对儿童的追踪调查持续到 21 岁，而 2012 年计划持续到儿童 30 岁的追踪调查也已经实施了。此处虽然不能进行详细的记述，但是从介入程度上来看，初学者计划要比佩里学前计划更彻底。

佩里学前计划和初学者计划都通过对比实验组和对照组的儿童，得到了较好的实验结果。只是，佩里学前计划的被试儿童当时的IQ确实得到了提高，但是介入终止之后过了4年，效果就完全消失了。

但是，除去IQ之外，主要效果还在持续，非知识性能力的提高也是其中之一。

在被试者14岁接受学习能力测试的时候，接受学前教育的儿童比对照组儿童的上学率更高，成绩也更好。

在反社会行为方面，通过对比他们在40岁时的犯罪率可以发现，对照组中，犯重罪的占2.1%，犯轻罪的占6.7%，未成年犯罪占0.6%。与之相对，接受学前教育的儿童中，犯重罪的占1.2%，犯轻罪的占3.9%，未成年犯罪占0.4%，整体犯罪率低下。

也就是说，教育能够降低犯罪率。

被父母无视（父母放弃育儿）的3岁儿童和正常儿童进行比较，他们的大脑容积更小，大脑皮层萎缩。赫克曼援引这一数据，强调儿童期的成长环境会对大脑产生影响。

也就是说，如果一个罪犯的大脑存在问题，那么我们无法立刻得出结论说这是遗传因素还是后天形成的。我们不能给他贴标签认定他是“天生脑子就有问题”。或许是社会因素导致了他大脑的异常。

不只是教育，家庭环境的不同也会影响犯罪率。

美国著名儿科医生纳迪娜·伯克·哈里斯发表研究称，从儿童期到青春期这段时间，在充斥着虐待、毒品、酒精等强烈负荷的环境下成长的儿童，他们的身体和大脑会受到不同种类的伤害，对精神压力表现出异常反应。哈里斯的研究和她主导的启蒙活动在互联网上也很容易就能看到。

大脑中受儿童期的精神压力影响最大的是前额皮层，也就是发挥自我控制作用的部分。而且，有许多证据表明，从受过身体伤害或者性虐待的人身上可以发现海马体的异常，去甲肾上腺素的反应就会增强，人的攻击性就会增加。

在美国，20 世纪 80 年代因重罪入狱的青少年中，约 70% 的人都是只由母亲抚养长大的。俄勒冈州社会学习中心的一项研究表明，实行反社会行为的男孩中，在父母双全的家庭中长大的只占不到 30%。

1994 年，全美 10 岁到 19 岁的年轻人离家出走的人数超过了 13 万人。其中，72% 的人在单亲家庭中长大。同年，明尼苏达州圣保罗市一项关于逃学儿童的调查显示，70% 的逃学儿童是由单亲母亲抚养长大的。

只是，与我们前面讨论遗传因素的状况相同，我们现在不能把全部的理由都归结为“家庭环境的原因”。我们不能否定“正是因为问题家长，家庭关系才会破裂，这种性格遗传到了孩子身上，所以他们才会做出有问题的行为”。

基因与环境的相互作用

我想引起大家注意的是，脑科学家和神经科学家容易认为“遗传因素影响很大”，社会学家和教育学家容易认为“后天因素影响更大”。这是因为研究者的内观和成见会在一定程度上左右研究结论。

这种不同也体现在疾病的命名上。

罗伯特·海尔撰写的《变态人格》中指出，认为心理学、生物学、遗传因素很重要的人习惯将这一疾病称为“变态人格（精神病性人格者）”，认为病因是社会影响和儿童期的体验的临床医学家和研究者（社会学者及犯罪学学者）将这一疾病称为“社会性病态（社会性病态人格者）”。

因为我自己是一名脑科学研究者，所以我倾向于重视遗传因素。

海尔的研究也表明，没有证据可以证明变态人格者的家庭环境和其他罪犯的家庭环境有所不同。不论家庭生活是否安稳，变态人格最开始被发现都是在 14 岁左右，即使在健全的家庭中长大，环境因素也无法阻止变态人格的发展。

如果真如他所说，那么在影响一个人是否会成为变态人格者的要素中，比起后天因素，遗传因素的影响应该更大。

哈佛医学院的心理治疗师玛莎·斯托特也指出，依恋障碍是指幼儿期亲子间的依恋状态受阻，导致儿童无法与他人构筑亲密关系。与此不同，变态人格者离开家庭是一种“结果”，而不是“原因”。

《变态人格：冷酷的大脑》（詹姆斯·布莱尔、德雷克·米歇尔、卡丽娜·布莱尔共同编著）一书中提出了这样一种看法：人类在感受到环境压力时海马体会萎缩，情绪循环的反应增大，也就是说，人在感情上会变得更加具有攻击性。可是，问题就在于变态人格者虽然天生情绪反应薄弱，攻击性却很强。所以变态人格的形成与后天的因素无关。

另一方面，也有少数神经学家主张我们不能忽视后天因素。

比如神经学家詹姆斯·法隆在他所著的《天生变态狂：TED心理学家的脑犯罪之旅》中提出了发现变态人格的“三足理论”，所谓的“三足”就是下面这三点。

①眶额皮层和颞叶前部，杏仁核出现异常的机能低下。

②少数基因存在高风险变异（MAOA等）。

③儿童期早期受过精神和肉体虐待或者性虐待。

他指出，如果一个人不具备这三个条件，就无法称其为有反社会行为的变态人格。而且，法隆还指出，他和他的家族符合①和②，只是不符合③。

就像法隆提出的那样，现在很多研究文献表明，遗传因素和环境因素不再是二选一的问题，而是遗传因素和环境的相互作用影响了人和动物的发展。

我在上文中提到的阿弗沙罗姆·卡斯匹等人进行的MAOA基因研究就是一个例证。正如研究的结果所示，被试者本身就拥有遗传上的潜在可能，而遭受虐待成了契机，导致了他们的反社会行为。这就是所谓的“遗传”+“环境”。

有些人如果出生在一个温暖的家庭，受到了良好的教育，或许就能安稳地度过一生。可是，儿童期的虐待、母爱剥夺、恶劣的教育环境，这些负面的刺激使得基因被激活，前额皮层得不到发育，这些人不幸成为“失败”的变态人格者，也就是杀人犯。

我在第 1 章中介绍了许多变态人格者，其中连环杀人犯护士简・托潘也是从儿童期到青春期一直在悲惨的环境中成长的。她的前额皮层中负责共情的部分没有在一个可以充分生长的环境中得以发育，又或者是，她的杏仁核与前额皮层的联结在发育阶段有受阻的可能性。

除去教育和环境等非物理因素，脑部的物理性损伤也会带来负面影响。儿童如果在 10 岁之前脑部受损，就可能会引起之后的问题性举动、冲动型性格、情绪不稳定，开始偷窃等一系列倾向。而且，摄入酒精和吸毒、吸烟也是在物理层面上导致脑萎缩的重要原因。因此从很小的时候开始喝酒会带来很大的不良影响。

反社会倾向很强的人如果还酗酒，就会加速他的反社会倾向。（注：但是，阿德里安・雷恩注意到，当对比药物成瘾者和反社会人格者的前额皮层的灰质时，可以看出后者的灰质体积减小了 14%。他认为，药物和酒精滥用不是造成变态人格者大脑构造缺陷的原因。）

此外，孕妇如果在怀孕期间大量饮酒，婴儿的右侧海马体就可能会比左侧海马体更大。而且，正如我在“海马体和后扣带回的机能障碍——感情记忆缺陷”这一节中提到过的，研究表明，变态人格者的右侧海马体比左侧大。

如果分娩时的并发症（早产、难产等）和1岁之前的母爱剥夺（因为某种理由导致了母子分离，进而无法形成和母亲的依恋关系的情况）同时存在的话，引起反社会行为的比例就会升高。1964年，“依恋理论”的提出者、精神科医生约翰·鲍尔比在他的古典精神医学论文《44名小偷少年》中已经提示了哺乳期的依恋形成与异常行为的关系。之后阿德里安·雷恩的研究指出，分娩时的并发症也对其有影响。

只是实际情况是，在如今的变态人格研究中，我们无法做出进一步的论证。

比如，即使将研究范围限定在家庭影响，我们也很难将诸如父母的犯罪行为、母亲的生育年龄过小、家族人数、虐待、家庭解体等因素与儿童是否成长为变态人格者建立特定的联系。这些影响因素彼此联系。而且，这些因素和与反社会行为相关的诸如低收入、居住环境恶劣、性格冲动、IQ低下、成绩差等其他因素也有联系。

可以说，论证某一个因素与变态人格的形成有何种关系是非常复杂的工作。

虽说如此，通过实验而确定某一具体因素在伦理上来讲是不可能的。

现在我们可以得出的或许只有这几点结论：

· 在大脑机能方面，遗传因素的影响很大。

· 成长环境有可能成为反社会性提高的契机。

完善社会制度，实施扫盲教育

只是，我尤其想让大家注意的是，“在大脑机能方面，遗传因素的影响很大”这句话并不意味着我们要找出携带有容易产生反社会行为基因的人，然后把他们排除出去。

脑科学的研究结果表明，即使从遗传上来说有反社会性因素，根据环境因素的不同也有可能抑制它的出现。调整社会结构让他们可以适应并生存下来，为他们创造可以发挥他们潜质的道路，这或许称得上是更好的选择。

当今这个时代，DNA 分析已经深入个人层面，作为个人信息的一部分被加以储存。

比如我们在上文中提到的 MAOA 基因，现在只要采集唾液和口腔黏膜进行 DNA 检测，就可以弄清楚自己有没有这一基因。

可是，依据检测结果，接受检测的人有可能被贴上“反社会倾向高”的标签，在求职和恋爱时受到歧视。社会舆论可能仅仅因为他是“罪犯的孙子”就要求对他进行监视。

正因如此，无论在社会伦理层面还是在法律层面，我们都有必要放弃优生学的想法，建立可以应对这种情况的体系。我们不应把基因能给人的身心带来巨大影响一事视为洪水猛兽，而是在接受它是科学事实的基础上，从社会层面做出应对。

日本人类遗传学会发出警告称，我们需要慎重对待基因信息。可是现状是，以厚生劳动省为首的中央省厅还未充分讨论如何限制、管理基因信息，很多情况都不透明。

从个人层面上来说，普及基因信息的知识也很重要。在进行基因检测的公司当中，有的公司会提供诊断结果中依据的论文。检测结果中，会有“你的基因中存在如下突变情况。IQ 会增加到如下的程度。这一点是根据这篇论文判断的”诸如此类的字样，下面还附有论文。检测人可以通过阅读进行判断。

此外，关于论文的可信度也用“这篇论文的可信度是”这样的字眼来进行评价，评价分为了五个星级。在论文中，有的是“五颗星中只占了两星，所以不能全信”，有的是“有很大的概率会患心血管疾病”。

可是，有些人容易轻信街头巷尾诸如“左右脑占卜”“从喜欢的食物看性格”“血型占卜”等奇怪的测试。他们很容易把基因检测误认为是轻松愉悦的“基因测试”。而这种误用的例子不在少数。

科学的实验必须满足“可信度”和“正当性”这两个要求。希望大家了解，如果这两个条件都不能满足的话，那么它只能止步于酒场上的闲谈。

现在，我不得不说，如果在就职考试环节导入基因信息，并且把基因数据发给企业，企业有很大可能性会“开除所有可能有风险的人”，进而引起一定程度的社会问题。

无论如何，我希望大家了解，“即使携带有反社会性相关的基因，也不是说 100% 就会变成那样”。

在这里，我想重复一下这一章的结论。

在变态人格的研究方面，我们无法完全忽视遗传的影响。

而且，在今后的社会生活中，遗传信息的使用会变得理所当然，这是不可避免的。

因此，在这一点上，我们应该完善社会制度和法律，谋求基因知识的普及。

而且，有研究显示，避开虐待和恶劣的环境可以在一定程度上抑制反社会性的出现。在这一点上，全体社会成员需要群策群力。

第 4 章

变态人格与进化

这一章我会改变视角，探讨人类中为何存在一定比例的变态人格者。

虽然范围可能会上下浮动，但是许多研究表明，100人中会出现1个变态人格者。如果变态人格对人类的生存有益，那么在人类发展历程中，变态人格者的人数应该会逐渐增加。又或者，如果变态人格者完全无法适应人类社会生活，被社会彻底排除在外，那么按理来说，他们就不会留下子孙后代，而是被社会完全淘汰。可是现实情况是，这两种假设都没有发生，变态人格者虽然是少数，但是也有一些人生存了下来。

那么为什么会有一定比例的变态人格者存在呢?

解答这一问题的过程，也会与解开“人类为什么有‘心’？”这个议题产生联系。

变态人格使人类进化

对于非变态人格的人来说，变态人格者是很麻烦的存在。

可是，他们对人类这一物种的繁荣来说是很有必要的——从宏观视角来看，或许一定数量的这种人存在，对人类的生存产生了有利影响。

当人类出现在非洲大陆之后，就在短期内迅速扩展了分布区域。我们的祖先毫不畏惧，率先移居到未开发的地区。他们之中或许就有变态人格者。大航海时代的探险家和追求边界而勇敢地开拓美国西部的人之中，也存在着不知恐惧和不安为何物的变态人格者吧。或许正是因为有身先士卒不顾危险挺身而出的变态人格者存在，普通人才得到了鼓舞，追随他们的脚步前行。

在美国陆军军官学院（西点军校）担任心理学、军事社会学教授的大卫·格罗斯曼指出，在战场上能毫不犹豫地击杀敌军的士兵，在 1000 人中或许只有一两个人。在士兵当中，有不少人因为目睹敌军被杀、战友死伤而患上了 PTSD（创伤后应激障碍），无法再胜任士兵一职。在战场上，在自己可能会被杀掉的情况下毫不犹豫地冷静地杀敌，目睹战友悲惨的死状也不会对自己的心理造成伤害。他们作为勇敢的英雄被人们交口称赞。这种人或许就是变态人格者。

凯文·达顿经推测指出，美国载人宇宙飞船阿波罗 11 号上的宇航员尼尔·阿姆斯特朗可能是变态人格者。因为阿姆斯特朗即使在阿波罗 11 号就要撞上月球岩层的那一瞬间，也能自己一个人沉着冷静地做出判断。最终，他完美地实现了人类首次月球着陆。

这些人直面危险而毫不畏惧，共情力很低，撒谎而不露马脚，像这样需要他们的情况还有很多。

探索无人探访的秘境，处理危险物品，做间谍，保存新的粮食，探究病因不明的疾病，进行大型手术，与敌对国家进行外事交涉……只因为变态人格者接受了这些常人做不到的工作，他们为全体人类做出了贡献。

正如美国著名认知心理学家史蒂芬·平克（哈佛大学教授）在其著作《暴力的人类史》中详细介绍的，与现在相比，人类以前非常暴力。越是向前回溯，战争与杀人这样的事情离人类越近。在过去，受伤、死亡、遭受飞来横祸都比现在要普遍很多。在这一环境中，变态人格者的暴力性可能没有那么显眼。在人类历史进程中，特别是在战乱年代，为了生存而骗人、杀人这类严重的状况并不少见。倒不如说人类深陷斗争旋涡的年代更长。

因此，变态人格的基因没有消亡的理由也就很明显了。

而且，调查犯罪痕迹的技术和科学调查方法获得突飞猛进的发展也只不过是最近数十年的事情。在证言比物证和间接证据占比重更大的时代，为了应付当时的状况，如果能巧妙地骗过别人，就十分有可能逃避惩罚。对于变态人格者来说，有很长一段时间，整个环境是适合他们生存的。

更进一步地说，不论在哪个时代，都有一些普通人无法胜任的工作。有些工作要求人保持冷静，一刻都不能丧失冷静的判断；有些工作要求人不论怎么被恳求都不能相信别人；有些工作如果暴露弱点就会带来麻烦。这类工作很适合变态人格者。

也有过像神殿巫女一样，与多个男性保持性关系，自信满满地宣读神谕（虽然有可能是谎言），通过这些行为使集体顺利运转的工作。即使从现代人的角度来看，那是不符合道德标准的滥交，但只要它符合包括巫女在内的集体的利益，那就没有任何问题。

我们的世界可能真的需要变态人格的存在，无论是过去还是现在。

何为“良心”的机能？

哈佛医学院的心理治疗师玛莎·斯托特指出，“良心”不在“行动”，不在“思考”，也不在“认知”中，而是存在于“情绪（感情）”中。虽然这种表达有点绕口，但是我推测她应该是在对大脑机能的部位进行了假定的情况下，才提出了这一言论。也就是说，她的想法是，在背外侧前额皮层（DLPFC）这一掌控着行动、意志判断、理性的机能的部位中，没有良心这一机能。而在自然流露出后悔、心痛、对善恶美丑进行判断的腹内侧前额叶皮层中，存在良心这一机能。

更直白地说，良心不是“做了某事才是有良心”，也不是“理性判断之后觉得某事很好，那就是有良心”，更不是“我认识到它是好的，所以这是有良心的”，而是“我们不能做这种事，身为人类不可以这样”，我们的情绪产生了这样的波动，这才是“良心”。

在前文中，我们已经了解到变态人格者存在对不安和恐惧的情绪障碍，感情淡漠。“良心存在于情绪之中”，而“变态人格者没有良心”，这就意味着他们的腹内侧前额叶皮层因某种原因产生了机能不全的问题。

那么，人为什么会有良心，为什么具备形成依恋的能力呢？

为什么当我们看到有人受伤会感到心痛，看到欺骗别人的人会感觉他不可原谅呢？

如果所有的人类，都变成了没有爱，不会关心他人，无法温柔相待，不懂感谢的存在，那么即使有人做出变态人格一样的行为也毫无问题。

“良心”，换句话来说也就是“监视自己，判断‘这件事正确与否’”的机能，越是思考越觉得它充满了谜团。

很多人都认为，道德的存在是理所当然的。而且，时不时会出现这种情况，如果有人只是对这种“理所当然”提出质疑，别人就会认为他很危险，不知道他以后会做出什么来。

即便如此，如果我们真的深挖道德存在的意义，就会发现它存在的原因满是谜团。

举例来说，我们都认为“出轨是不好的”。可是如果刨根问底地追究它为什么不好，可能很少有人能说明白。是因为会产生令人讨厌的感觉吗？那么如果追问为什么会产生令人讨厌的感觉，为什么不能让别人产生讨厌的感觉，追问到某一个点上，就会突然进入“讨厌就是讨厌”这种同语反复，兜来绕去的怪圈。我认为，当我们去思考“为什么会产生生理上的厌恶”“为什么让人感到讨厌就不可以做”这一层面的问题时，就会有半数以上的人陷入僵局，放弃思考。

变态人格者，也就是“没有良心的人”，从人口比例上来讲，他们是少数。可是变态人格是能让我们重新认识到人为什么有良心，良心为什么存在的十分恰当的比较对象。

在这一点上，让我们进行进一步思考。

“搭便车的人”与制裁

不能说谎，不能欺骗别人，不能独占某种东西，这些“大家都信奉的规则”可以视为在人类构建社会机制的过程中不可或缺的存在。

人类为什么会形成这样的规则呢？

从生物学角度来看，人类作为单独的个体本就不是很强壮的物种。与其他物种相比，人类跑得不快，肉体也很脆弱。所以人类形成了集体，产生了社会性，在下了这些功夫之后，人类才繁衍至今。

这样弱小的人类为了生存下来，必须克服自然环境的变化，高效地获取粮食。

在这种情况下，亲子间形成依恋，重视伙伴等维持集体性的行为，更适合人类的生存和繁殖。人类的特点是如果不组成集体，生存率就会极端低下。

集体间相互合作，维持集体的运转，保证集体的再生产……在集体通过这些经营模式重复运行了数十代的过程中，维持集体所必需的性质就会逐渐形成。

在集体内部，社会成员中的每个人都要付出一定的成本（牺牲）。通过付出成本，人们可以使用聚集的资源做出一定的成果，然后与大家共享得到的回报。结果就是，集体内的全体成员都会得利。这就是集体的协作行为。大家可以想象一下政府利用征得的税金进行基础设施的建设与完善。

举一个更简单的例子来说，猎户和猎手在狩猎野猪和熊这种危险的大型动物时，需要多人进行分工，每个人承担一点风险，大家进行协作，然后获取猎物。这个例子或许也能很好地说明这一问题。

可是，在集体中，也会出现少数破坏规则的人。

他们就是不付出成本，只获得利益的人。他们就是假装工作其实在偷懒，钻法律的空子逃税的那种人。在学术上，我们把这种通过寄生于集体内来生存的个体称为“搭便车的人”。

一般来说，“搭便车的人”会受到同一集体中他人的谴责。然后他们就会面临两个选择，要么改正这种行为，要么离开这个集体。

如果不实施这种制裁措施，大家就会认为“搭便车的人得利了”，集团的协作机制就会被破坏。

为了维护集体，提高生存概率，大脑有必要推动人做出“对搭便车的人加以制裁”这一行为。在长期发展过程中，人的大脑通过进化，对维持集体的因素形成了“快乐”的认识，对扰乱、破坏集团秩序的因素形成了“不快”的认识。也就是说，对可能扰乱集团秩序的存在进行彻底的追究，对他们进行谴责，这种行为对人类来讲，是“快乐”，也是正确的。通过几十万年的进化，这种机能在人的大脑中形成了。

直到今天，还有很多人对“背叛”和试图破坏集体秩序的行为反应很敏感。这是因为，在人类历史上，如果有抢先行事的人和背叛者，集体中的全体成员就会暴露在危险中。网络中大量用户集中讨伐某一用户的现象之所以会发生，也是因为试图对破坏规则者发动制裁的机制被瞬间激活，依照由此产生的冲动而行动，能给人带来巨大的快感。这种行为对大脑来说是“正义”的。

可是，即使有如此牢固的机制，变态人格者还是钻过了“制裁”这张大网的缝隙生存了下来。

美国圣本尼迪克与圣约翰大学学院心理学系教授琳达·米莉通过《社会性病态的社会学：被统合的进化论模型》等论文，发表了许多研究，指出变态人格者具有在生存竞争中存活下来的人格特征。也就是说，像这样的天生爱说谎的人能收获成功，并留下子孙后代。

米莉的研究很有说服力。在饥荒的时候，优先为了自己的利益从别人那里抢夺或偷取食物的个体生存下来的可能性更大。花言巧语欺骗很多异性的人，即使他本人被处罚或者因复仇被杀掉，他留下子孙的概率也比严格遵守一夫一妻制的人的概率要高吧。

变态人格者是“搭便车的人”吗?

如果人类不是群居动物，而是单独行动的话，像变态人格者这样的生存方式就更自然。特地关照他人的有良心的人反而会无法生存，基因无法得到遗传的可能性或许会很高。

可是，在哺乳类动物中，母亲是通过母乳来抚养孩子的。因此，在母子之间有必要形成依恋关系。爬虫类就没有这种依恋关系，有的母亲会吃掉自己生下的蛋。从人的角度来看这很残忍，但是对爬虫类动物来说，这是理所当然的事情。

人类所具有的特性，并非上天赋予的这种诗意的表达，而只是作为一种生物想要生存下去，这样做会更好，于是就变成了这样。这些特性中的一种就成了我们今天所说的爱情和依恋。人们认为爱情、友情、互相帮助这些事物是“美丽”的，但是“美丽”只不过是大脑擅自做出的判断。

人类的依恋关系不只局限于母子之间，还扩展到了父子、亲人、血亲或者民族之中。这或许只是因为重视这种关系的个体更容易生存下来，基因得以流传至今（不这么做的个体就无法生存）。

为了留下子孙后代，有良心的人也许很有利于进行生育繁衍。他们可以保护配偶和孩子，让他们获得更高的生存可能性。此外，大家认为对别人很亲切的人，即使自己死了也很愿意把孩子托付给他。

在这种情况下，变态人格者能生存至今，足以说明人类这一物种的社会性非常牢固。像这样的反向思考也是可以成立的。人类拥有着即使被一些搭便车的人寄生也不会动摇的磐石一般的社会基础。正因如此，变态人格者才没有被社会淘汰而生存至今。而且，我们也可以认为，变态人格者有时会对人类社会的发展做出贡献。

被大脑“扩建”的“良心”

人类的心灵和感情是怎样产生的呢？

进化心理学解释说，拥有心灵和感情能让人更好地适应环境。对于在集体中生活的生物来说，能够预测“他人如何行动”可以提高自己在集体内的生存概率。也就是说，我们假定了“他人也很有心”，在这一基础上采取行动并且可以进展得很顺利。

正如我在第 1 章中也说明过的那样，“适应”指的是某种生物的形态、生态和行为等性质能够让它们在所处环境中较好地生活、生存与繁殖。

“良心”也不过是“适应”的结果之一。

《变态人格：冷酷的大脑》（詹姆斯·布莱尔、德雷克·米歇尔、卡丽娜·布莱尔共同编著）一书中指出，17 岁是人类反社会行为的高发期，20 岁以后会急速下降。然而研究表明，变态人格者即使人到中年，或者步入老年也会犯罪。

在青春期，包含杏仁核在内的回报系统会比成年人更活跃。正因如此，与成年人相比，年轻人更容易被刺激的事物所吸引。而且，10 岁到 20 岁的青少年的前额皮层和杏仁核的联结也比较弱。正如我在第 2 章中解释过的，这一特征与变态人格相同。额叶和杏仁核间能够产生合理的联结来控制自己的情绪，必须等到“髓鞘”完全发育。“髓鞘”是一种脂肪鞘，它的作用是加速沿大脑神经轴索传递的电冲动。可是 10 岁到 20 岁的青少年的髓鞘还未完全发育。

人在进入 15 岁之后，性冲动就会急速发展起来，可是在这个年龄，人的前额皮层还未发育完全，前额皮层和杏仁核的联结也不充分。因此，作为刹车装置的良心还未形成，他们的反社会倾向容易增强。

前额皮层不只有作为刹车装置的机能，还负责对判断和情绪进行控制，进行逻辑性思维，做出计划并实行的机能。这一负责高级行为的部分需要花时间来发育完成。

从人类大脑的发育阶段来看，与其他部分相比，掌控良心的前额皮层与杏仁核的联结发育较晚。这是因为在必不可少的原始性部分发育完成后，这一部分是作为“扩建”的领域来发育的。也就是说，从大脑的发育阶段我们也可以看出，道德与伦理是人类在生存发展过程中作为附加部分出现的。而且良心这一概念随着时代和环境的改变在发生变化。在战时和饥荒的情况下，不杀掉敌人或者不“减少吃饭的人数”才会被别人认为是反社会的。在某些社会形态中，一夫多妻制是理所当然的，只有一位妻子会被认为地位低下。

良心与社会性密切相关。既然人类社会是多样而富有变化的，那么社会性的基准也会不断变化。我们有必要通过后天学习了解这些变化的部分。而且，变态人格者与一般人的区别，就体现在对于这一部分的学习机能上。

变态人格者容易生存的环境

在地球上，现在还存在适合变态人格者生存的社会环境。这种社会形态能够给我们带来一种与我们的常识和道德相反的视角。

在巴西亚马孙地区南部的盆地，生活着一群叫蒙杜鲁库族的土著人。他们进行着小范围的木薯种植，捕鱼采集，几十户结成部落，还对敌对部落发起过“猎头”行动。

据说蒙杜鲁库族的部落竞争很激烈。

食物的生产和采集主要由女性负责。男性需要的是“能够高谈阔论”“无所畏惧的勇敢”“在战斗中表现优异”。蒙杜鲁库族的男性在日常对话中经常进行夸张，虚张声势，互相展示“我就是这么危险的男人”。而且，在追求女性时，他们会夸口说“如果我成为孩子的父亲，可以做到如何如何”。他们会撒谎假装自己可以提供非常多的资源，通过这种行为让女性对他们感兴趣。

可是实际上，在蒙杜鲁库族人中，无论父亲还是母亲，都不会照顾断奶的婴儿。成年人只为养育儿童分出最少的资源。儿童为了生存下去，必须迅速掌握独立生存的方法。因为他们生存在一个食物和生存资源都很丰富的环境中，所以他们可以独立生存。

而且，蒙杜鲁库族男性“动手很快”。调查他们的身体特征可以发现，他们的血糖很容易上升。血糖值容易上升意味着他们可以迅速地进行攻击。也就可以推测，攻击性强对他们来说是有利的。

蒙杜鲁库族还有许多让人震惊的性格特征。

他们缺乏良心，表面上对人友善，巧言善辩，但实际上没有节操，无法维持长期的人际关系——他们的人格特征如同变态人格一般。这是因为在他们所处的社会中，这种人格有利于生存。

此外，有一个民族与蒙杜鲁库族高度相似，这就是亚诺玛米族。他们分布于巴西北部到委内瑞拉南部的热带雨林地区。美国人类学家拿破仑·沙尼翁对亚诺玛米族进行了研究。

亚诺玛米族居住在一片丰饶的土地上，他们一天只需劳作 3 个小时就能保证充足的粮食供应。

而且，在他们的部落内频繁发生争执。在这一部落中，男性的死因有 30% 是因为暴力，25 岁以上男性中 44% 的人有杀人的经历，杀人动机多是因性而起的嫉妒。

并且，在亚诺玛米族中，杀人可以提升在集体中的地位。

我们将因杀人而地位上升的男性和没有杀人的男性的妻子数量进行比较，结果发现前者是平均 1.63 人，后者是平均 0.63 人。这说明，这一社会中杀人者更容易得到女性。

而且对比二者的孩子的数量我们发现，前者平均 4.91 人，后者平均 1.59 人。果然两者数据有很大的差距。亚诺玛米族中繁殖适应度较高的男性和变态人格的特征十分相似。

顺便一提，亚诺玛米族实行杂婚，不是一夫一妻制。是把生下的孩子养大，还是把他杀掉，这全凭孩子母亲的判断。没有人会对此进行干预。如果决定要杀了他，母亲就会把还未剪掉脐带的婴儿放在蚁穴上，让大量的白蚁吞食掉他。

与此形成鲜明对照的是生活在南非卡拉哈里沙漠的狩猎采集民族桑族。桑族与蒙杜鲁库族和亚诺玛米族正相反，他们生存条件艰苦，粮食缺乏。因此，他们必须采取协作体制。他们一同外出狩猎，平均分配猎物。他们严禁说谎，风行一夫一妻制，会严格选择配偶。

而且，在养育孩子的过程中，不只是父母双方，全族的人都会帮忙照顾。他们不是放养主义。与蒙杜鲁库族相反，孩子断奶后，桑族的家长也会养育孩子，对他们进行监督管理。儿童对父母的依恋倾向很强。因为他们必须在孩子身上进行大量投资，所以出生率很低。桑族彻底践行了互利互惠的利他主义。

现在的日本人对桑族的价值观非常熟悉，然而这并不是人类普遍拥有的价值观。根据生存环境的不同，有时候变态人格反倒更合乎人们的期待。

变态人格者受欢迎的原因

即使不是身处于像蒙杜鲁库族那样特殊的社会之中，女性的月经周期内，也存在较容易生下变态人格的孩子的时期。

在接受媒体采访时，我总会被问道："什么样的男性才会在女性中受欢迎呢？"

"受欢迎"的男性分为两类：

一类是看上去愿意为抚养孩子（养育行为）匀出资源

的男性。比如，当看到男性试图帮助弱者时，女性的心就会泛起波澜。另一方面，当男性拥有了伴侣和孩子之后，他们体内负责依恋形成的催产素浓度就会提高，负责攻击性的睾酮浓度就会降低。也就是说原本充满攻击性的男性也会因为有了家庭而变得温和。这也是因为他们为养育行为匀出资源更有利于繁衍吧。

另一类与之完全相反，是具有变态人格要素的男性。调查表明，这一类男性很容易有丰富的感情经历。

以美国华盛顿大学 128 名女学生为调查对象的实验结果显示，具有被称作黑暗三联征（Dark Triad），即精神病态（变态人格）、马基雅维利主义者、自恋这三种要素的男性从外形上来看更具有魅力，容易受女性欢迎。普通男性在赞美女性的时候会表现得很害羞，也会因为太紧张而无法说出口。可是变态人格者的不安情绪较为低下，因此即使是肉麻的谎言，他们也能脱口而出。女性意识不到这一点，便会轻易坠入他们的骗局。

我也经常被问道："为什么有的女性会选择渣男呢？"或许是因为"这样的选择有利于成功进行繁殖"。女性出于直观的本能会认为"有强壮的男性基因的孩子更容易生存下来"，所以这种选择也称不上不自然。

只是，这种选择存在风险。只是强壮而共情很低的男性可能会伤害女性。即便如此，有的女性还会做出这种选择，或许是因为基于她们的判断，即使之后可能会有风险，但是现阶段繁殖容易成功（也就是孩子生存下来的概率较高）。“家暴男看起来更有魅力”这一现象，或许正是源于此处。

女性在月经周期会被“渣男”吸引

那么，我们已经知道心理学研究表明，受欢迎的男性分为“看起来会协助育儿的男性”和“看起来很强壮的男性”这两类。从脑科学的角度来看，男性确实分为两类。

脑垂体会分泌精氨酸和加压素这两种荷尔蒙。它们是负责体内水分调节的荷尔蒙，但是研究表明它们也参与动物的社会形成。特别是根据精氨酸和加压素受体基因类型的不同，人会分为天生容易形成依恋关系的人和不容易形成依恋关系的人这两类。后者的妻子对他们更加不满，他们的不婚率、离婚率更高。后者在一夫一妻制的社会中虽然处于不利地位，但是在杂婚社会中他们反倒很有利。

另一方面，存在两种说法，一种是女性也分为两类，她们分别与不同的男性进行匹配。另一种是，女性心中有两套思考决定系统，使得她们有时会倾向于选择看起来会协助育儿的男性，有时候会倾向于选择看起来很强壮的男性。

虽然这两种假说都存在，但是在这里我们只介绍后者，也就是“女性会因为时间地点的不同改变选择男性的类型”。

在大脑中，大脑边缘系统这一较为原始的部分通过“愉悦”感这一直觉选中的人与背外侧前额皮层（DLPFC：根据合理性做出判断的部分）通过理性判断选中的“适合繁殖”的人不一定一致。容易选择哪一方要根据女性的生理周期决定。

女性在一个月内容易忽视 DLPFC 做出的理性选择，也就是容易被渣男吸引的时期有两次，就是排卵期前后 3 天左右和生理期的前一周。

这段时间女性体内的雌性荷尔蒙（雌激素）的浓度会降低，与此同时，5- 羟色胺的浓度也会降低。于是，女性容易感到不安，变得冲动，做出不理性判断的可能性会增加。所以，她们会选中渣男。

虽然在已经实现文明化的现代社会，女性应该会毫不犹豫地选择重视养育行为的男性，但是当荷尔蒙水平发生变化，人被更原始的判断所左右的情况下，变态人格倾向较高的男性更容易被女性选中。

对变态人格者来说，日本是一个难以生存的社会吗?

日本社会将桑族那样的价值观视作好的价值观。从这一角度来看，日本人在严苛的环境中硬撑了很长一段时间，这一想法并没有什么不自然。“二战”结束后数十年内，日本成了全球为数不多的经济大国之一。在整个日本史上，这种富足的情况恐怕比较少见。

直到现在，日本因自然灾害导致的受灾总额也在全球范围内排在前列。虽然日本国土面积只占全球面积的0.25%，但是自然灾害的受灾总额约占全球的15%~20%。日本有过许多灾害历史，地震、火山喷发、台风引起的水灾、气候变化引起的低温，以及由这一系列自然灾害导致的饥荒。

因此，集体的协作机制必须很牢固，夫妇要在一起，父母应该给孩子分配一些资源等社会常识就产生了。

在这种国家，变态人格者应该是很难长大，很难生存下来的。

顺便一提，通过利用日本报纸杂志的数据库进行检索，我们可以发现，20 世纪 90 年代以前，“变态人格”这一词语基本没有出现过。奥姆真理教制造了地铁沙林毒气袭击事件后，一部分的精神科医生使用过这一词语，但是似乎并未得到广泛传播。

我调查韩国的新闻报道发现，“变态人格”一词出现频率很高。这并不是因为韩国变态人格比例很高，而是因为他们用这一词语攻击罪犯和假想敌，给他们贴标签。

从传统上来讲，韩国是儒家文化社会，他们守护集体的机能很发达。可是他们实现了飞速的经济增长，转变成了一个提倡利己和竞争的社会。可以说激烈的考试竞争是表现之一。

因为基因的变化速度远不如社会科技的变化，所以短短的一两个世纪内，人类在生理上感到愉悦或者不快的标准并不会发生改变。

于是，人的大脑虽然明白必须适应抢占先机的生活方式，但是从情感上来讲，人们又无法忍受这类可以抢占先机的人。正是这种理智与情感上的不一致，导致了人们动辄以变态人格来指责他人，或是动用集体的力量来攻击他人。

那么，在现代日本，变态人格者究竟过着一种怎样的生活呢？

在下一章中，我们一起来看几个例子吧。

第5章

你身边的变态人格者

在前几章中，我们从脑科学的角度对变态人格者的特征进行了分析。或许大家已经对变态人格有了一个大致的了解。

可是在现实社会中，我们应该如何识别出变态人格者，如何与他们保持适当的距离呢？

只有表达能力异常优越的人

或许商人最感兴趣的是“变态人格者能不能做好工作”。美国产业心理学家保罗·巴比亚克的研究结果表明，高管层的变态人格指数较高，普通基层工作者的变态人格指数较低。换句话来说，“成功人士中变态人格更多”。

也许有人会认为，这是不是意味着变态人格者在工作上表现很好呢？但事实并非都是如此。确实，变态人格者表达能力很好。他们尤其擅长说话的艺术。他们会说一些让对方高兴的事情，巧妙地操纵他们的心理，或者反其道而行之抓住对方的弱点使其动摇。

此外，巴比亚克还指出，变态人格者能够应对急速的变化，以变化为基石取得成功。组织中的混乱会刺激他们追求风险的内心，他们会毫不怯懦地大胆实施变革。而且趁乱做出非法行为也不容易被发现，所以他们经常会在紧急时刻和非常态的情况下如鱼得水。

但是，变态人格者不擅长进行经营管理和团队工作。

他们不够诚实，即使被批评也意识不到自己的错误。所以他们会像没事人一样拖延工作，违反约定。因为他们为人冲动，所以他们不擅长要求严谨的工作，也不擅长需要协调性和忍耐力的团队工作。虽然他们擅长交谈，有很强的存在感，但是详细调查后就会发现，在很多情况下，他们的业绩格外低。

也就是说，他们中有很多人只是停留在语言上，无法踏实工作。巴比亚克还说，很多人事后才知道，变态人格者并不像他们当初期待的那样对工作很擅长。

只是，虽然只会耍嘴皮子却做不好工作的变态人格者有很多，但是也有很多成功的变态人格者具有作为企业家的潜力。这是因为他们有迈向风险的能力，擅长极富魅力地畅谈创意和蓝图。

比如苹果公司的创始人之一史蒂芬·乔布斯就被认为是全球最完美的成功的变态人格者。他既没有超群的电脑知识，除去设计才能，他也没有其他实际的商务技能。但是，他凭借天才一般的表达能力和交涉能力俘虏了全世界的人。人们在他展示的蓝图中，看到了某些高于机器性能的东西。更夸张一些来说，人们是被他迷住了。据说，乔布斯的周围存在一种"现实扭曲气场"，只要是听到他的话，无论是谁，都会立刻陷入其中。

另一方面，众所周知，他对苹果前工程师和妻儿毫不留情，步步紧逼。对于那些在他看来能为其所用的人，他会夸赞他们"棒极了"并亲近他们。但是，他对于已经没有利用价值的人和与他对立的人就会唇枪舌剑，予以攻击。每个时期他都会将身边走得比较近的人换一遍，不断舍弃旧友。

年轻时，乔布斯曾是一名基层工程师。那时，他曾让好友斯蒂夫·沃兹尼亚克（之后成为苹果电脑公司的创始人之一）偷偷帮他完成他做不来的工作。沃兹尼亚克轻松地完成了工作，乔布斯收到了 5000 美元的工资。可是，乔布斯对沃兹尼亚克撒谎说"工资是 700 美元"，他给了沃兹尼亚克 350 美元的报酬，剩下的都装进了自己的腰包。

苹果公司经营成功后，组织不断扩大，日常工作也变多了。琐碎的事务工作和劳务管理，还有构筑人际关系的稳定的信赖感变得很重要。可是，不知道是不是因为这样的工作不合他的心意，乔布斯被赶出了苹果公司。后来，当苹果公司陷入危机时，人们又想起了乔布斯。

很多时候，硅谷创业者所必需的气质与变态人格者的气质相符。

针对“伪装成创业者的变态人格者”，巴比亚克总结了三点特征，稍作浏览就会发现他们的相似点一目了然。

第一，因为他们对变化感到兴奋，总是追求刺激，所以他们会被不断有事发生的状况吸引。

第二，作为经过千锤百炼的规则破坏者，变态人格者容易融入自由的公司氛围中去。他们不重视死板的规则，擅长利用宽松单调的决策环境。

第三，比起自己完成工作，身为领导如何让员工做好工作的能力更受人重视。这种工作最适合善于利用他人的变态人格者。发展速度较快的行业和房地产行业对他们来说再好不过了。在他们的画皮被撕下来之前，他们的职位和境遇可能一直在不断发生变化。

即使现状非常混乱，即使周围人无法应对新的商业模式从而产生了抗拒心理，变态人格者也能保持冷静。即使大家都失去了自信，变态人格者也能自信满满地运筹帷幄。有很多人会对这一点给予很高的评价。

当我们考虑到变态人格者的这些特征，我们就不得不说，只重视面试的入职考试和大学 AO 入学考试存在问题。因为通过考试的人很可能大部分是极富魅力，自信满满滔滔不绝的变态人格者。

与此相同，当我们认识到能言善辩的变态人格者所具有的特征时，让对司法一无所知的人参与裁决的审判员制度就显得非常危险了。

履历和头衔过于华丽的人

现如今名人和政治家们因履历欺诈引起轰动的事屡见不鲜。

做了整形，行为举止装作混血的电视评论员（自称企业顾问）的真实身份被曝光的事想必大家还记忆犹新吧。

虽然我无法断定这些人都是变态人格者，但是为了保护自己，大家最好要了解这些人中存在变态人格者。他们会欺骗利用他人，把履历和头衔当作一种道具来使用。

在我加入过的门萨俱乐部中，我觉得也有几个人很像变态人格者。门萨俱乐部极力主张“入会者必须是智商排名前 2% 的人”。因此，有很多人对门萨俱乐部的印象是“门萨会员等于天才”。

可是，50 人中就存在 1 个人的这种比例，就被称为天才，这未免有些夸张……门萨入会考试的考试内容，只要事先进行练习就能通过。

因为有人觉得“入会了周围人就会觉得我头脑聪明”，或者没有其他特长想镀金才加入了门萨俱乐部。所以后来我退会了。

现实中有很多知名的学校和团体，加入他们实际上并没有那么困难。只是曾属于这一集体就会显得聪明，显得自己小有成就。

有些学会，只要付钱就来者不拒。还有一些名人，虽然履历上写着曾“就任”于某某知名企业，但是，他只是在那家企业实习过，或是打工，又或者长期处在一个职位上打打杂而已。

妈妈团的首领和黑心企业的经营者

自己组建一个可以随意压榨别人的集体，并在集体中称霸的人在我们的身边并不少见。

把妈妈友聚集起来给她们排好次序，暗地里煽动她们互相猜忌，自己坐上小团体的王座。这种首领型的女性就是一个例证。

她们在新加入的女性面前扮演一个“好帮手”，以一种我想帮你的态度接近她们。

一旦收集到对方的信息，她们就会召集其他成员，让她们加入说别人坏话的战斗中。即使成员发生改变，她们也会不停地做这种事。她们会悄悄地说“那个人是这么评论你的呢”，还会公然谴责别人。她们利用这些手段，煽动大家的恐惧和不安，操纵小团体向有利于自己的方向发展。

“黑心企业”的经营者和管理者也都是如此。

黑心企业的入口并不是黑洞洞的。面对应聘者，他们总是表现出一种温暖地接纳他们、支持他们的态度。这是为了让应聘者产生一种这家企业能够认可自己的错觉，从而让他们加入公司。

可是，一旦他们加入公司，态度就变了。“我明明很期待你的表现，你为什么做不好呢？再努力一点！”“他这么说你，你不觉得不甘心吗？”管理者通过这种手段使员工动摇，煽动他们的不安，引起过度竞争。有时他们也会大发脾气让员工感到恐惧，“现在这样，你换工作都没人要你”，他们以此来摧毁员工的自尊心。通过这些手段，他们断绝了员工的后路，分别使用少量的奖励和大量的惩罚，让他们长时间劳动，给他们布置难以完成的业绩指标，强制他们绝对服从于领导，让他们无法抵抗。

也有一些新兴宗教团体具有威权主义的阶级组织，建立了能够刺激信徒竞争和互相监视的体制。或者，在类似大学研究室这样封闭的环境中，也会出现同样的情况。

变态人格者会瞄准以救助他人为职业的人，比如护士、福利设施员工、心理咨询工作人员等感情细腻的人群，变态人格者会激发这些人的良心，而后把他们当作牺牲品加以控制和利用。在变态人格者看来，乐于伸出援手、富于奉献精神的人，很容易被攻陷，也很好利用。

越是以自我牺牲为美德的人越容易被变态人格者盯上。

被口诛笔伐的博主

加拿大马尼托巴大学的研究小组以 1215 人为对象展开了调查研究。结果表明在网络上，变态人格者有经常实施“破坏”行为的倾向。

此外，比利时安特卫普大学的研究者团体以 14 岁到 18 岁的 324 名青少年为对象展开了调查。结果显示，变态人格者在脸书上有攻击他人、传播恶性谣言、伪装他人、上传色情图片、排挤他人的倾向。

变态人格者的长处在于他们即使被人批评也不会感到痛楚。

因此，因为有问题的言论和故意做出挑衅性言行在网上引起轩然大波，即使如此仍然丝毫不知悔改继续活跃，并且获得了一批固定粉丝的博主中，混入变态人格者的概率很高。他们以煽动和激怒别人为乐，通过在网上扩大臭名昭著的影响力来获得愉悦感。无所谓名声如何，只要能成为话题中心，点击数增加，收入就会随之增加，不管遭受多少谴责谩骂，都没有被逮捕或者被杀掉的危险。因此这对于追求刺激的变态人格者来说是一笔再合适不过的买卖了。

不必说，我们不会把这种人的言论当真，因为他们的大脑很难保持长远的视角，所以他们无法对自己的言论负责，或者他们根本没打算为此负责，要是相信了就会吃亏。经过一段时间的观察我们就会发现，以前的粉丝对他的真面目感到震惊就不再关注他，而对他一无所知的人又会被吸引，然后被骗。这就是一个不断循环的过程。

令我们震惊的是，即便他们的画皮完全被撕下，还会有很多人如同信徒一般一直追随着他们。这或许也是因为变态人格者独有的收买人心的能力吧。

宅男团女神和社团粉碎机

人们认为变态人格者基本都是男性，女性数量少之又少。可是，在我们的生活中也有一些极为罕见的，令我们怀疑这或许是变态人格的案例。

在年轻人中，有一些被叫作“宅男团女神”“社团粉碎机”的人。“宅男团”指的是漫画研究会和动画研究会等宅系社团。在这些社团中，大部分都是比较内向，不擅长和女孩搭讪的男孩子，但是这些社团中也常常有看起来喜欢处男，而且洁白无瑕十分清纯的女孩子。因为社团中男女比例差距较大，所以她们自然而然地会受欢迎。这就是“宅男团女神”。

“社团粉碎机”指的是与社团中多名男性保持肉体关系和心理上的依赖关系，以此为原因引发问题，最终毁掉整个社团的女孩子。

“宅男团女神”并不等同于“社团粉碎机”。但是在讨涉世未深的小男生的欢心以及将他们玩弄于股掌之中这两点上，她们非常相似（或许“宅男团女神”一旦在战略上失败，就会被当作“社团粉碎机”）。

不只是在社团中，在男多女少的理工类大学的研究室中，也常常存在这一类女性。

虽然她们佯装清纯，或者从心底里对自己的清纯深信不疑，但是她们故意对多个男性暗中示好，想要诱惑他们。或者是不断扩展混乱的性关系——如果此事一旦暴露，被当作问题来处理，她们就会使用花言巧语装出受害者的样子，说“我其实喜欢○○同学，是XX同学逼我，我才……”用这样的话把责任转嫁给男性，煽动男性间的不信任，破坏社团的人际关系。

大多数的“宅男团女神”“社团粉碎机”都不会虚张声

势，她们往往都是把自己伪装成弱者。通过这种方式把猎物骗到眼前，引诱他们上钩。

有些女性是为了钱和物品，还有各种各样的便利，而有些女性只是以骗取男性信任，以他们拜倒在自己石榴裙下为乐趣。她们的所作所为与某种骗子的手法很相似。骗婚和“是我是我”诈骗都是表露自己在金钱方面陷入困境，希望别人帮助自己，以此来骗取大笔现金。为了不至于构成犯罪，她们的手段较为温和。这是为了让男性产生这样的观点，既然她都把自己的缺点和弱点告诉我了，她说的话一定是真的。她们的行为看似柔弱，其实都是这类骗子的惯用手段。

与男性变态人格者实施的杀人和彻底榨取他人的价值不同，女性变态人格者认为“只要自己能生存下去就可以”，这可以说是她们独有的特征。

她是变态人格者，还是人格障碍？

利用人们不忍心攻击“弱女子”或是“梨花带雨的女人”这一社会常识，女性变态人格者擅长从这个角度进行巧妙的表演，使批判她们的人看起来十恶不赦。

因对变态人格的先驱性研究而为人所知的精神科医生哈维·克莱克利指出，变态人格者不会沮丧到想要自杀，但是他们会以“我要自杀”来威胁别人，进行巧妙的表演。在后续调查中，他发现，变态人格者虽然有自我攻击（或是主动提起自己有自残倾向，或是有过自杀未遂的经历）的行为，但是致死的案例少之又少。

“你如果不救我的话，我只能去死了”，有些女性会用这样很夸张的言语来加以威胁，或者割腕给你看，遇到这样的女性，大家就要提高警惕了。

此外，关于女性变态人格者人数较少的原因，罗伯特·海尔和保罗·巴比亚克做出了如下推测。他们怀疑，精神科医生面对一个以自我为中心，利己主义，毫无责任感，爱撒谎的患者时，如果这名患者是男性，医生就会将其诊断为“变态人格”，如果这名患者是女性，医生就会做出不同的诊断，将她诊断为“表演型人格障碍”“自恋型人格障碍”和“边缘型人格障碍”等。而且他们还指出，医生先入为主地认为“变态人格者都是强硬的，具有支配性和攻击性”“女性中不存在这种人”，所以他们会忽视女性变态人格者。

此外，男女实施暴力的场所不同，暴露本性的场合不同也是原因之一。

弗吉尼亚大学心理学教授 J. 莫纳汉、P. 罗宾斯、E. 西弗尔于 2003 年发表的论文中称，无论是男性精神病患者还是女性精神病患者，他们住进精神病院后实施暴力行为的比例大体相同。可是在家庭中，与男性相比，女性对家庭成员实施暴力的倾向更高。她们造成的伤势较轻，使用暴力后也很少被逮捕。

美国国立卫生研究院研究员莱兹 · 戈德斯坦等人在 1996 年的研究中指出，在反社会型人格障碍患者中，女性比男性在为人父母时更没有责任感，更容易走上卖淫的道路，更容易对性伴侣和孩子施加暴力。或许变态人格中与男性相比，女性在家庭、亲人、恋人等私人范围内对他人施加危害的情况更多，因此她们很难被发现（很难被告发和被通报）。

女性变态人格者的内心与男性变态人格者没有差别，表面上却假装反省，表现出一副自我反省和痛改前非的样子。很可能正因为她们很擅长这样的伪装，所以女性变态人格者并不容易被发觉。

阿拉巴马大学的心理学家蓝道 · 塞尔金在 1997 年以女性罪犯为对象展开了一项调查。据她们的自我描述，与男性相比，女性变态人格者拒绝治疗的比例更小。

她们是否配合治疗呢？从华盛顿大学 H.J. 理查德等人在 2003 年发表的论文可以看出，女性变态人格者也十分不配合，出勤率很低。表面上，她们没有采取反抗的态度，而是通过掩饰展现出乐观的姿态。其实女性往往更擅长任性而为。

变态人格者与信徒的互补关系

不仅是变态人格者，被变态人格者当成牺牲品的人也很值得讨论。就算变态人格者的谎言和自由奔放的性关系被曝光并被批评谴责得体无完肤，不知为何还是会有很多人选择继续相信他，支持他。即使知道自己被骗了，即使知道自己是牺牲品，还会继续做他的信徒——大家不觉得这很不可思议吗？

其实，人类的大脑认为，“相信能让人感到愉悦”。或许，这也可以说是形成和维持集体的机能的原因之一。

人类的大脑认为靠自己做出判断是一种负担，并因此感到痛苦。这被叫作认知负荷。

而且，人类还存在“认知失调”这一现象。众所周知，如果人的大脑中同时存在互相矛盾的认知并引起了不愉快（纠结），为了缓解矛盾，人就会编造有利于自己的歪理。简单来说，就是人一旦遇到曾经深信不疑的所谓“正确”的事情，有一天被证明“它是错的”，人类的大脑就会想出作为“借口”的歪理，让人能够在不认错的情况下掩盖错误。

人一旦相信了某一件事，就会顺从自己的信任，不依照自己的判断做出决策，这样做不会给自己的大脑增加负担，比较轻松。比如，有证据可以证明信仰宗教的人比不信教的人更幸福。即使它是一种比较敷衍的宗教，人类“选择相信才会比较幸福”的本质是不会变的。

我们谆谆教导“不要信”“你清醒一点”，对当事人来说到底是不是一件好事呢？这又是一个让人头疼的问题。我们每个人所拥有的时间都是有限的，在这样有限的时间中，去否定那个过去的自己，就因为选择相信而投入大量金钱和时间，未免过于残酷了。如果我们认为选择相信能够更幸福，那么究竟怎么做才能得到真正的幸福呢？这很难做出判断。

我们可以认为，这种现象正是因为变态人格者看到了人类“想要去相信”这一认知上的弱点，才会采取就这一弱点进行攻击的生存战略。

自进入网络社会以来，普通人也可以通过强大的检索技能回溯别人过去的经历和言论来进行验证。所以我认为一般来说上当的概率会减少。

可是网络社会也有其特有的现象。一方面，网络提供了强有力的曝光机制；另一方面，网络也是将同一类人迅速联结起来的工具。不管是说谎说得天花乱坠的人，还是不肯承认自己被骗的信徒，只要使用网络都可以将他们立刻联结起来，形成一个集体。在集体内部，人们可以通过确认彼此的存在获得安全感，还可以忽略掉集体之外的声音，所以他们彼此之间会构筑成为更坚定的信任体系。

只要变态人格者站在领导者的位置告诉信徒们这些都是阴谋论，声称“我是受害者，是有些人想要诋毁我”，有一部分人就会将这个团体变成维持信任的环境。

一旦将信徒的认知体系塑造成一种宗教构造的模式并形成粉丝团，不管团体外部的人如何干预，它们都很难被粉碎。

被“后妻业之女”玩弄于股掌之中的老人

年龄也是容易上当受骗的重要因素之一。随着年龄的增长，人类的大脑倾向于越来越难以怀疑别人。

多巴胺的分泌量到中老年后会逐渐减少。因此，人会变得更加沉着，这是它的正向作用。另一方面，它也有副作用，人类很难通过使用前额叶进行自我决断来获得愉悦。

怀疑他人，是认知负荷，也就是一种大脑承受的负荷较高的行为。因为这一行为必须同时激活大脑的多个部位，所以人会感到疲惫。多巴胺的分泌减少，人就会进入“事倍功半”的状态，所以大脑不会再积极地进行容易产生疲劳的行为。也就是说，比起思考麻烦的事物，人更倾向于委曲求全。

女性变态人格者中“老头杀手”很多，她们常常以年纪大的男性为目标。其中的典型就是“后妻业之女”。她们以结婚的名义诓骗高龄男性企业家，既不利用他们，也不杀死他们，而是剥削他们，最终吞掉他们的所有遗产。

本来，女性对于接近自己的男性会心存戒备，但是很少有案例证明男性会对接近自己的女性心存戒备。这是因为二者通过性行为获得的结果不同。万一出现意外，男性只要逃跑就可以解决，但是因为女性要承担怀孕生子这种重要的工作，所以当二人的关系发展较为深入后，女性很难逃脱。正是因为这种非对称性，男性才会比较乐观——所以，当女性变态人格者企图以后妻业来牟利时，男性才会轻易上当。

我们能和变态人格者恋爱吗?

像“宅男团女神”“后妻业之女”这样的女性变态人格者，形态多种多样，说到底变态人格者可以成为恋爱对象吗?

变态人格者也有恋爱情绪和性快感。而且，我们从变态人格者的杏仁核机能较低这一点可以看出，他们的性欲反倒是更强的。此外，我们在第 1 章中介绍过，他们还为自己的孤独而烦恼。可是，他们很难作为家人或伴侣和他人构筑长期的信赖关系。

得克萨斯大学和得克萨斯理工大学的研究团队以 18 岁到 74 岁的 884 名男女为对象，调查了变态人格程度与不伦的关系。调查结果显示，变态人格倾向较高的人，婚外情倾向更高。更进一步来说，因为变态人格者更注重短期的利害关系，所以他们的恋爱关系很容易破裂。从结果来看，很容易变成一夜情。

西悉尼大学的彼得·乔纳森在2003年发表的研究论文结果显示，非变态人格者见到变态人格倾向较高的人之后，会认为这个人作为“露水情缘的对象”非常具有魅力，但是他们认为变态人格者不是“能够长期交往的对象”。

与此相对，女性变态人格者认为不论是短期的对象，还是长期的伴侣，男性变态人格者都很对她们的胃口。而且，男性变态人格者认为，无论谁都可以成为短期的对象，但是考虑到长期的交往对象，他们好像更喜欢女性变态人格者。

针对这一结果，他推测到“这是不是因为如果不是令人感觉很刺激的对象就无法得到满足呢”。也就是说，变态人格与同为变态人格的人两情相悦——只是，他们都很容易出轨。

那么，如果变态人格者的恋人出轨了，他们会怎么做呢？

卡尔加里大学拉斯穆森等人于 2014 年发表了一篇论文，论文的研究主题是，当研究者给变态人格者看一份“你的恋人有了外遇”的剧本时，变态人格者会作何反应。

结果显示，他们有很高的倾向想要通过报复对方，使恋人停止外遇。

这与我们在第 1 章中介绍的“最后通牒游戏”的结果（当两个人分配 1 万日元的时候，即使分配不公，变态人格者也会认为拿到 1 日元也比没有钱要好）相矛盾。

可是罗伯特・海尔认为，变态人格者想要维持与配偶和孩子的关系，只是因为他们把家庭看作家电、汽车等物品，认为家庭是自己的“所有物”。“自己的东西”被抢走了，所以要实施报复把它抢回来。虽然他们会为失去感到愤怒，但是他们并没有感到悲伤，也没有意识到自己的责任。

冷静地来看，复仇是风险很高的行为。复仇的对象很可能会反过来进行报复，而实施暴力，损坏他人名誉等行为很可能会受到法律的制裁。

但是，变态人格者对“复仇之后来自对方的报复”所导致的摩擦并不在意。他们倾向于惩罚伴侣的出轨对象，对其实施报复。他们自己虽然出轨，却不接受对方出轨。

加拿大西安大略大学研究团队在2014年发表研究论文称，变态人格者经常在语言上败坏自己伴侣的出轨对象的名誉。

读到这里，或许有些读者会想“说不定这说的是我”“这让我想起了我的亲朋好友中的某个人”。

那么，如果自己是变态人格者，或者自己的家人和要好的人中有变态人格者，我们应该怎么做呢？

最后一章，我们会对此进行探讨。

第6章

写给可能是变态人格者的你

变态人格者能够进行自我诊断吗？

如果发现“我可能是变态人格者”“我的家人可能是变态人格者”，应该怎么办呢？

变态人格的诊断需要由专家（精神科医生、心理学家）依据客观指标来进行。如果由一般人，或是自己来诊断是不是变态人格者，一般来说是比较困难的。

但是，如果只是想推测自己具有变态人格的可能性，那么你可以参考以下信息。

罗伯特·海尔研究设计的 PCL-R 量表，美国精神病协会发布的《精神障碍诊断与统计手册（第五版）》（DSM-5）中反社会型人格障碍的诊断标准，以及心理学家凯文·达顿设计的检测量表等。

PCL-R 量表

人际交往相关	健谈 / 表面上看来很有魅力
	具有过度的自我价值观
	生理性说谎
	有虚伪欺骗倾向 / 操控性的（操纵他人）
情绪相关	缺乏良心的谴责和罪恶感
	感情淡漠
	冷淡 / 缺乏同理心
	无法对自己的行为负责
生活方式相关	追求刺激 / 容易厌倦
	寄生型的生活方式
	缺乏现实的、长期的目标
	冲动
	不负责任
	私生活放荡
反社会行为相关	无法控制自己的行为
	青春期有过问题行为
	少年犯
	被取消假释
	有各种犯罪史
	有多段婚姻关系

变态人格测试（PCL-R）的诊断方法

将自己的行为与上表各项指标对照判断符合程度，可以用0分~2分进行评分。

一个成年人，如果总分超过30分，就可以认定他是变态人格者；如果总分不到20分，就可以认定他不是变态人格者。虽然针对儿童的变态人格倾向的标准还未确定，但是一般认为27分（区分检查结果是阳性还是阴性的数值）是分界点。

已经明确是变态人格者的罪犯无论在哪一方面得分都很高，而一般人在各个方面得分都很低。

但是，只要再看一遍量表的项目，想必大家就会明白，海尔的诊断标准的特征是把“变态人格者一定是罪犯”作为前提，这一点也遭到了很多批判。

原本，海尔也发现，当他把变态人格者的特征分为四个方面（人际关系、情绪、生活方式、反社会性）之后，也会出现不是在每个方面得分都很高的变态人格者。

海尔将变态人格者分为三类：“标准型”“操纵型”“男性特征型”。三类变态人格者在情绪方面的特征（感情淡漠、缺乏共情、缺乏罪恶感、缺乏良心的谴责）是相通的，但是除此之外，他们都各不相同。

“标准型”是各个方面得分都很高的变态人格者。

“操纵型”在人际关系和情绪方面得分很高，但是在生活方式和反社会性方面得分很低。他们很少冲动行事，也很难看出他们具有反社会性特征——这就是本书中称为“人生赢家”的“成功”的变态人格者。

比如有人认为美国联邦调查局（FBI）的探员中，存在一些虽然缺乏共情，但并没有犯罪经历的准变态人格者（成功的变态人格）。他们充满野心，充斥着优越感和特权意识。可是他们对待无利可图的人就是无礼而冷漠的，缺乏人类的感情。他们表面上像变色龙一样自由变幻，对于那些有利用价值的人，他们会试图接近并搞好关系，可是反之他们也能冷静地利用、背叛那些人。

“男性特征型”在情绪、生活方式、反社会性方面得分很高，可是在人际关系方面得分很低。这一类型的变态人格者容易行为冲动，欺负弱小，他们的行为会让周围的人感到不快。与其他类型的变态人格者相比，他们看起来不是那么有魅力，不怎么操纵他人，他们本来就没有操纵他人的能力。比起花言巧语，他们更倾向于在行为上表现出变态人格者的一面。他们会采取威慑的态度，故意找碴儿，通过令别人产生恐惧感来支配他人，如果工作进展不顺利就把所有的过错推到别人身上。虽然他们自己总是不遵守规则和道德规范，但是他们对别人的错误总是抓住不放。那些没能进入成功者的行列，在无足轻重的部门担任负责人，对下属施加淫威的人中，或许有许多这一类型的变态人格者。他们没有耐性，很容易生气，一有什么事情很快就会面露怒火，但是他们转身就会忘掉这件事，表现得像个没事人一样。

看到这里，你的脑海中会不会浮现出某个人的名字呢？

在预测再次犯罪的可能性和犯罪的严重性这两个方面，海尔的量表展现出了优异的测量准确度。但是，我需要再强调一遍，他的量表不是每个人都可以轻松地拿来进行自我诊断的。尤其是有人指出，如果变态人格者用这一量表进行自我测评会产生错误的结果。

而且，PCL-R 量表不存在每一位回答者都必须作答的问题组合。也就是说，被试者需要回答什么问题由进行检查的人（精神科医生）决定。而且，经常有人指出没有明确记录表明应该如何给各个项目进行打分。在这一点上海尔的量表也受到了批评。

此外，PCL-R 量表完全没有提及变态人格者“缺乏不安”的特征。威斯康星大学的心理学教授约瑟夫·纽曼等人指出，PCL-R 量表存在问题，它无法测定变态人格者是否缺乏不安。

《精神障碍诊断与统计手册（第五版）》(DSM-5) 的诊断标准

在 DSM-5 中没有关于变态人格的记述。在精神病学中，没有变态人格这一分类，取而代之的是“反社会型人格障碍”。DSM-5 中，有关于这一类疾病的诊断标准。我们可以认为，这是以变态人格为标准设计的。以下是诊断标准：

A. 在 15 岁之后，通过无视、侵犯他人权利的方式表现出以下 3 项或以上的行为。

(1) 违法的，违反社会规范的行为：重复被逮捕；

(2) 虚伪性：说谎、欺骗；

(3) 冲动性：冲动、无计划；

(4) 急躁，具有攻击性：打架、暴力；

（5）鲁莽：不考虑自己或他人的安全，鲁莽行事；

（6）不负责任：无法持续工作，无法履行经济上的义务；

（7）缺乏良心的谴责：对伤害他人、找碴儿、偷盗的行为毫不在意，试图正当化。

B. 年龄在 18 岁以上。

C. 有证据证明 15 岁之前存在品行障碍（实施与年龄不相符的反社会行为，无视、侵害他人基本权利的精神障碍）。

D. 存在反社会行为，但本人不在精神分裂症和双相障碍（暴躁和抑郁状态交替出现的精神疾病）的发病期内。

做出这一诊断，不仅需要诊断标准 A，还有必要确认诊断标准 C，“15 岁之前的品行障碍”。如果不是精神科医生或者法医学专家，就无法做出诊断。

凯文·达顿的自评量表

达顿并没有将诊断犯罪者作为前提，他提出了一个比较简易的量表。我们可以认为这一量表是为了找出成功的变态人格者而设计的。

以下为量表内容：

凯文·达顿的自评量表

1. 事前几乎不做计划，听天由命。

2. 只要不暴露，和伴侣以外的人出轨也无所谓。

3. 如果有更好的计划，翘掉之前约好的事情也可以。

4. 看到动物受伤、痛苦的样子也毫不在意。

5. 对飙车、过山车、跳伞感兴趣。

6. 为了得到自己想要的东西，可以毫不在意地把他人当作垫脚石。

7. 极具说服力，有劝说他人为自己所用的能力。

8. 可以很快地做出决定，适合危险的工作。

9. 即使他人因为压力即将崩溃，我也能泰然处之。

10. 如果我成功地骗过了某人，一定是被骗的人不好。

11. 如果事情进展不顺利，大多数情况都是别人的问题，而不是我的。

以上问题请用0分~3分进行统计

0分…………“完全不符合”

1 分…………“不符合”

2 分…………“有一点符合”

3 分…………“符合”

这份量表的平均得分是 18 分～22 分，29 分～33 分较为罕见——也就是说有变态人格者的嫌疑。

此外，Levenson Self-Report Psychopathy Scale（LSRP，莱文森自我报告精神病量表）解决了自评量表的统计问题。详情可以登录 http://personality-testing.info/。

变态人格可以治疗吗？

如果怀疑自己是变态人格者（或者是被医生诊断为变态人格者），想要接受治疗的话，应该怎么办呢？

变态人格可以被治好吗？

20 世纪 60 年代，加拿大的一名精神病医生，也是“预防儿童虐待协会”的创始人艾略特·巴克认为“变态人格者在正常的外表下潜藏着疯狂，让疯狂浮现出来就是治疗”。因此，他实施了一个“治疗项目”。他让变态人格者们进入名为“完全接触胶囊”的小房间，在他们脱掉所有衣服之后给他们服用大量的LSD（编者注：麦角酸二乙基酰胺，一种强烈的人工致幻剂），让他们说出彼此内心的想法，确认彼此的羁绊，流下眼泪……

可是，参加这项治疗的变态人格者的复发概率呈现恶化。从这一项目中，他们学到的是“学会表演与他人共情才能有效地骗过别人”。针对变态人格者的治疗项目基本都是这样的结果。

20世纪70年代，关于“无论哪种治疗方法对变态人格都无效吗”的讨论广泛传播。

在美国，犯罪学者罗伯特·马丁森回顾了200篇以上与治疗犯罪者相关的论文，得出了如下结论：“无论对变态人格者做什么都是无效的。”

接受了马丁森的这一观点，美国刑事司法倾向于严惩化。可是很久之后人们才发现严惩化并不能抑制犯罪。

后来人们发现马丁森的论文存在很大的问题。在某一类心理治疗中，半数以上的例证显示这一疗法对变态人格者也有抑制再犯的效果。

追根溯源，心理疗法大致分为三类，即精神分析疗法、人本主义心理疗法、认知行为疗法。

我在前文中已经提过，精神分析疗法缺乏科学依据。

人本主义心理治疗是基于人本主义心理学（以自我实现等积极的价值观为主体的心理学）的疗法。主要有美国临床心理学家卡尔·罗杰斯提倡的“以当事人为中心”的心理疗法和德国精神医学家弗里茨·波尔斯的格式塔疗法等。

精神分析疗法和人本主义心理治疗在日本有不可撼动的人气。但是，能够证明对抑制犯罪有效的，只有认知行为疗法。

认知行为疗法是通过改善一个人待人接物的方式和思考方式（认知）来改变人的言行举止（行为）的心理疗法。

但是，包括认知行为疗法在内的心理治疗，它们的出发点都是患者自身觉得自己“感到不安和痛苦”。但是变态人格者本就不会不安和痛苦。也就是说，他们没有需要治疗的动机。而且他们拒绝改变自己的行为。变态人格者只会为了讨好（装出真心悔过的样子）以法院工作人员为首的、能左右自己刑期的人而接受治疗。

在团体治疗中，变态人格者很有可能会展现出他们的可怕之处。如果团体中有一个假装自己什么都懂的滔滔不绝的变态人格者，那么他会给包括工作人员在内的所有人带来负面影响。变态人格者擅长发现人的弱点，并操纵他人。团体治疗会成为他们磨炼技术的机会。这就是对变态人格者的治疗难以实施的原因。

海尔和史蒂芬·C.P. 冯（加拿大行为矫正精神医疗中心研究部长）合著的《变态人格治疗项目指导准则》指出，下列治疗对变态人格无效：

· 提高那些在教育和工作经历中没有明显问题的罪犯的学历和职业技术；

· 与暴力行为和犯罪性无关的不安和抑郁治疗；

· 针对自我评价低等自述较为暧昧的治疗。

怎样才是有效的治疗方案？

但是，有大量证据可以证明，经过精心计划后实施的矫正方案可以减少再犯的风险。

那么有效的是哪些方案呢？海尔和冯指出，有效的方案是“把对全体罪犯有效的方案进行强化后的方案”。具体指的是如下方案：

·加强预防酒精及药物滥用的措施。

·为了破坏他们反社会性的思考和价值观，促进他们展现出帮助他人、以积极的态度对待他人的行为（面向社会的行为），让他们观察模范人物的动作和行为，修正他们此前的不恰当行为，对有问题的行为进行改善，对精神上的障碍进行治疗的方法（塑造模型）。

·为了促使他们参加治疗，对他们进行促进动机形成的认知行为疗法。

海尔等人主张，“针对变态人格者的治疗，目的是减少他们的暴力行为，不是为了改变他们的人格和表面上的行为”。改变变态人格者的伦理观和道德观念的想法是徒劳的。我们需要瞄准与暴力和破坏行为直接相关的危险因素，对其实施干预（治疗）。那么具体应该如何操作呢？

举例来说，如果“我感觉到周围人对我有恶意”这一错误认识促成了他们的暴力行为，那么锁定这一错误认识，对它进行改善，就能减少暴力发生的风险。

只是，用一般手段是行不通的。上文中我们也曾提到，有研究对认知行为疗法针对变态人格的有效性提出了质疑。然而，最近也有一些令人瞩目的成果和崭新的尝试。

研究变态心理学的广岛大学教授杉浦义典在他的著作《冷静地伤害他人的人们》中，举了这样一个例子。威斯康星大学以哥德威尔为中心的研究团队以 141 名年龄在 10 岁到 11 岁的首犯少年犯为对象，把他们分为了接受一对一治疗的组和接受普通治疗的组进行了比较研究。研究结果表明，经过两年的追踪调查，后者的再犯率是前者的一倍以上。被收押在普通少管所的年轻人在获释后的 4 年间杀了 16 个人，与之相对，接受集中治疗的少年出狱后一个人都没有杀。

如果对变态人格者进行集中治疗，他们的再犯率也会降低。只是这一研究团体也认为对变态人格者实施和常人相同的认知行为治疗方案很困难。而与具有变态人格的儿童接触的时候，最重要的是给他们温暖的感觉。因为变态人格者即使受到惩罚也不会学习改正，所以他们有必要接受与一般儿童不同的教育。

美国南卫理公会大学的麦克唐纳等人于 2011 年发表的论文指出，如果对变态人格倾向较高的儿童的母亲加以训练，让她们倾听孩子的话，表扬孩子，坚定地批评他们，那么孩子无视规则这一倾向就会减少。

阿德里安·雷恩的某项实验展现出了如下结果。比较在一个简单课题下，变态人格者和普通人的成绩差异，回答错误的话作为惩罚就会遭到电击，而变态人格者的学习时间更长。

但是，如果在回答正确的奖励不只是能免受电击之苦，还附加了“获得现金回报”这一条件的情况下进行实验的话，变态人格者的学习速度更快。从结果来看，让变态人格者学习规则的时候，或许我们不应采取惩罚手段，而是给予奖励。

新墨西哥大学的 K.A. 基尔接受了美国国立精神卫生研究所（NIMH）和美国国立药物滥用研究所（NIDA）以及麦克阿瑟基金会提供的数百万美元，收集了 1000 名变态人格者的遗传信息、大脑图像和履历，成立了一个项目，目标是制作可供检索的变态人格数据库。这一项目的目的是探索对变态人格有效的药物疗法和行为疗法，相信不久的将来我们就可以看到成果。

如上所述，针对变态人格的治疗并不容易。在某些情况下，“治疗后”的再犯率反而会升高。只是去附近医院的精神科看病是无论如何也治不好的。

在城市中更容易生存

如果治疗很困难的话，变态人格者应该如何生存呢？

正如我在上文中提到过的，“孤独感”很强可以说是变态人格者唯一的烦恼。无法处理好和周围人的关系，撒谎的频率和呼吸一样，结果他们就会抱怨自己很孤独。

在变态人格者中，也有一些人并不那么烦恼。他们利用卓越的表达能力和沟通能力出人头地，剥削大部分人的利益活得逍遥自在。

可是，有些变态人格者或许不具备这样的能力，周围的人只把他当作骗子。

那么这种人该如何不沾染犯罪，清白地活下去呢？

研究异国文化中的变态人格的心理学家大卫·库克调查了苏格兰地区罪犯出狱后的移动轨迹。他发现大多数苏格兰的变态人格者在出狱后都会去人口较多的南部大都市圈。库克表示，因为在人口众多的大城市可以神不知鬼不觉地实施盗窃和抢劫，所以追求冲动和刺激的变态人格者会被都市带来的愉悦所吸引。

如果你是变态人格者，并且对现在所处的环境感到厌倦，缺乏刺激，那么或许你更适合身处杂乱或是繁华的场所，选择忙碌而刺激的工作。而犯罪的诱惑或许也会增加。

寻找适合变态人格者的工作

我认为对变态人格者来说，找一份适合他们的工作，并向它迈进，或许是最现实的手段和选择。

那么具体来说，有哪些职业适合变态人格者呢？

变态人格者知道人们喜欢什么样的虚构故事，并且擅长把它们创作出来。所以，他们适合做小说家。虽说他们不得不克服容易厌倦，会被琳琅满目的事物吸引的冲动性，但是因为他们具备短期的集中能力，所以也可以说他们有能力将作品一气呵成。由于这一职业基本上是独立工作，所以从不会和他人产生摩擦，这一点也很适合他们。

如果想要有效利用渴望强烈的刺激，三心二意这一特征的话，或许可以投身于流行风潮变化快的行业。能够灵活运用自身魅力的造型师，掌握潮流。八面玲珑的选举策划师，媒体工作者或许也很不错。

对于那些一般人因为不安和痛苦而不愿选择的工作，

变态人格者也可以冷静地完成。我认为具备这种能力的变态人格者很适合做外科医生。而且，他们也能胜任警察、情报部门的间谍、记者等职业。这些职业的工作人员需要深入人类心理的阴暗面，有时甚至需要采用游走在法律边缘的手段（或者是明显的违法手段）来获取情报。

如果事先和变态人格者谈好报酬，那么他们就会以胜利硕果为目标，即使面对威胁也能冷静地行动。因此，证券投资商和投行人或许也很不错。但是，变态人格者独有的“预估风险较低”的缺点可能会事与愿违，造成巨大的损失。

如果变态人格者运动神经发达，可以利用其难以感到不安这一点，挑战登山家和冒险家，进行危险性较高的极限运动（滑雪、摩托车越野等），或者是格斗和赛车。

凯文·达顿根据调查选出了 10 项变态人格者概率较大（变态人格较多）的职业和 10 项变态人格者概率较低（变态人格较少）的职业。请看下表：

变态人格者较多的职业前十名

第一，企业最高管理者

第二，律师

第三，媒体，新闻传播相关职业（电视、广播）

第四，销售

第五，外科医生

第六，记者

第七，警察

第八，神职人员

第九，厨师

第十，公务员

变态人格者较少的职业前十名

第一，护工

第二，护士

第三，理疗师

第四，技术人员、工匠

第五，美容师、造型师

第六，慈善家、志愿者

第七，教师

第八，艺术家

第九，内科医生

第十，会计

100 人中只有 1 人具备的特质，反过来说它是很珍贵的。对变态人格者来说，一定存在灵活运用这一特质并在不危害他人的前提下工作、生活的生存方式。

后 记

关于变态人格的研究课题与瓶颈

虽说随着脑科学的发展，我们对变态人格的了解越来越多，但是在研究中依然存在许多尚未解决的课题。

首先，因为变态人格是与社会性相关的疾病，所以我们无法进行动物实验。在所有的动物中，人的社会性是最发达的，所以我们无法人为制造出变态人格的猴子或黑猩猩来进行实验。当然，我们也不能人为地排列一串与变态人格相关的 DNA 来创造出一个变态人格进行比较研究，这有悖伦理。

即使我们想要研究环境对变态人格的影响作用，对变态人格进行长期的比较研究也非常困难。像佩里学前计划这样的调查研究需要很长的时间和大量的资金。调查变态人格者的家族，锁定几百名变态人格倾向很高的儿童，进行对照研究探讨家庭环境和教育的差别会带来多大的不同，进行长达数十年的追踪调查——单是想一下都会让人望而却步。

只是，虽然进展缓慢，人们也开始渐渐了解变态人格的本质。

比如，虽然与变态人格并没有直接联系，但是人们在遗传学上有了新的发现。21 世纪前 5 年有多篇论文显示，在调查有语言障碍者的家族的过程中，人们发现他们体内 FOXP2 这一转录因子（与基因转录起始和转录调节相关的蛋白质的总称）存在异常。只是出现一些微小的异常，人就会无法正确使用语言。可是，我们只知道它存在异常，究竟是哪个部分出现何种异常引起了语言障碍，我们还不知道其详细的原因。如果我们使用这种形式，找到愿意协助的变态人格家族的话，我们的研究可能会有极大的进展。

而且，对于我们一直提到的眶额皮层和杏仁核的联结异常，也有许多未解之谜。

比如关于“为什么联结会变弱”“为什么会产生这种个

体”等问题，我们虽然可以设想出几种可能性，但是没有明确的答案。虽然我们指出这与遗传因素相关，但是究竟哪个基因的哪一部分才是导致这一结果的原因，还有很多尚不明确的地方。

在我们揭开变态人格的全貌之前，还有很长的路要走吧。

了解危险性并更进一步探讨

不只是对学术界，对于在社会中生存的每个人来说，变态人格都为我们留下了许多课题。

从普通人的角度来看，变态人格者具有难以理解的特征，有时甚至会成为危险的存在。即使你自己是一个变态人格者，你也有可能会成为其他变态人格者的目标。

可是与此同时，变态人格者所占比例也是 100 人中就有 1 人的，绝对算不上是少数派的社会成员之一。

美国路易斯安那州立大学法学研究院的教授肯·利维提出这样一个问题：我们是否应该让变态人格者承担刑事责任。从理性上来讲，变态人格者能区分善恶；可是从情绪层面上来说，他们不知道犯罪行为在道德上是错误的。

如果罚金和坐牢等刑罚不能起到防范恶行和过激行为的作用，那么我们有必要重新思考实施处罚的意义。

人们往往很难意识到这一事实，“有的人并不会反省”“有些人不怕处罚”。但是，这就是事实。而且，在不怕处罚的人看来，为了抑制反社会行为而制定的社会制度和规则几乎没有意义。我们必须转换思维，使用其他手段来预防、抑制变态人格者的反社会行为。

如果变态人格者的思维方式和行为举止很难通过他本人的意志和努力进行后天改变，那么整个社会应该如何应对呢？我们应该给他们指出怎样一条道路呢？很遗憾，争论还远没有尽头。如果我们不进行争论，只是因为“从遗传上来讲，他是个危险人物”，就机械地将他排除在社会之外，这种风潮一旦形成，那么社会本身就是极端危险的了。

我认为，与我们的好恶无关，探寻与变态人格者共存的道路对我们来说才是最好的选择。

主要参考文献[1]

阿德里安·雷恩:《暴力解剖》，纪伊国屋书店

芭芭拉·奥克利:《邪恶的基因》，East Press 出版社

芭芭拉·奥克利:《“邪恶”的进化论》，East Press 出版社

保罗·塔夫:《成功的孩子和失败的孩子》，英治出版

D.C. 罗:《犯罪生物学》，北大路书房

弗朗西斯·詹森、艾米·艾莉丝·纳特:《青春期的烦“脑”》，文艺春秋

冈野宪一郎:《以脑观心》，岩崎学术出版社

凯文·达顿:《瞬间说服力》，NHK 出版

凯文·达顿:《异类的天赋》，NHK 出版

克里斯托弗·J. 帕特里克:《变态人格手册》，明石书店

玛莎·斯托特:《没有良心的人们》，草思社文库

① 日文原书中即未列出作者国籍、译者、出版年份及页码等信息，故在此保持原样。——编者注

罗伯特·D. 海尔：《变态人格》，早川文库 NF

罗伯特·D. 海尔、保罗·巴比亚克：《穿西装的蛇》，First Press 出版社

莎莉·萨特尔、斯科特·O. 利林菲尔德：《请小心“脑科学”》，纪伊国屋书店

杉浦义典：《冷静地伤害他人的人们》，河出书房新社

史蒂芬·C.P. 冯、罗伯特·D. 海尔：《变态人格治疗项目指导准则》，金子书房

原田隆之：《犯罪心理学入门》，筑摩新书

詹姆斯·布莱尔、德雷克·米歇尔、卡丽娜·布莱尔：《变态人格：冷酷的大脑》，星和书店

詹姆斯·法隆：《天生变态狂：TED 心理学家的脑犯罪之旅》，金刚出版

詹姆斯·J. 赫克曼：《幼儿教育经济学》，东洋经济新报社

《日经科学》2013 年 2 月号，日经科学社

图书在版编目（CIP）数据

天生疯狂 /（日）中野信子著；杨明璇译 . —天津：天津人民出版社，2020.7

ISBN 978-7-201-16013-9

Ⅰ . ①天… Ⅱ . ①中… ②杨… Ⅲ . ①心理学－通俗读物 Ⅳ . ① B84-49

中国版本图书馆 CIP 数据核字（2020）第 095041 号

著作权合同登记号　图字：02-2020-93

天生疯狂

TIANSHENG FENGKUANG

出　　版	天津人民出版社
出 版 人	刘　庆
地　　址	天津市和平区西康路 35 号康岳大厦
邮政编码	300051
邮购电话	（022）23332469
网　　址	http://www.tjrmcbs.com
电子信箱	reader@tjrmcbs.com
责任编辑	范　园
策划编辑	何晓蕾　许　多
特约编辑	刘　洋
装帧设计	人马艺术设计 · 储平
印　　刷	河北鹏润印刷有限公司
经　　销	新华书店
开　　本	880mm × 1230mm　1/32
印　　张	7
字　　数	112 千字
版次印次	2020 年 7 月第 1 版　2020 年 7 月第 1 次印刷
定　　价	45.00 元
